大气圈

EARTH'S ATMOSPHERE

主编 范兰
副主编 张耀 金梓乔
顾问（以姓氏拼音为序）
郝永强 刘海龙 陆高鹏
宋婉婷 朱丽叶

北京大学出版社
PEKING UNIVERSITY PRESS

图书在版编目(CIP)数据

大气圈 / 范兰主编; 张耀, 金梓乔副主编. -- 北京: 北京大学出版社, 2025.5. -- (中学生地球科学素质培养丛书). -- ISBN 978-7-301-36114-6

Ⅰ. P4-49

中国国家版本馆CIP数据核字第2025FV2370号

书　　　名	大气圈 DAQIQUAN
著作责任者	范　兰　主编 张　耀　金梓乔　副主编
责 任 编 辑	王树通
标 准 书 号	ISBN 978-7-301-36114-6
出 版 发 行	北京大学出版社
地　　　址	北京市海淀区成府路205号　100871
网　　　址	http://www.pup.cn　新浪微博: @北京大学出版社
电 子 邮 箱	编辑部 lk2@pup.cn　总编室 zpup@pup.cn
电　　　话	邮购部 010-62752015　发行部 010-62750672　编辑部 010-62764976
印 刷 者	北京宏伟双华印刷有限公司
经 销 者	新华书店 730毫米×980毫米　16开本　12.5印张　170千字 2025年5月第1版　2025年5月第1次印刷
定　　　价	89.00元

未经许可，不得以任何方式复制或抄袭本书之部分或全部内容。
版权所有，侵权必究
举报电话: 010-62752024　电子邮箱: fd@pup.cn
图书如有印装质量问题，请与出版部联系，电话: 010-62756370

丛书编委会

主　　编　金之钧　北京大学

执行主编　沈　冰　北京大学
　　　　　李亚琦　中国地震学会

副 主 编　唐　铭　北京大学
　　　　　薛进庄　北京大学
　　　　　张志诚　北京大学
　　　　　张铭杰　兰州大学
　　　　　刘红年　南京大学
　　　　　刘海龙　上海交通大学
　　　　　谈树成　云南大学
　　　　　郝记华　中国科学技术大学
　　　　　郭红峰　中国科学院国家天文台
　　　　　殷宗军　中国科学院南京地质古生物研究所
　　　　　柳本立　中国科学院西北生态环境资源研究院
　　　　　代世峰　中国矿业大学（北京）
　　　　　崔　峻　中山大学

编　　委　邓　辉　北京大学
　　　　　董　琳　北京大学
　　　　　贾天依　北京大学

焦维新	北京大学
李湘庆	北京大学
宋婉婷	北京大学
王玲华	北京大学
王瑞敏	北京大学
王颖霞	北京大学
王永刚	北京大学
闻新宇	北京大学
吴泰然	北京大学
熊文涛	北京大学
岳 汉	北京大学
周继寒	北京大学
朱晗宇	北京大学
陶 霓	长安大学
李春辉	成都理工大学
张 磊	成都理工大学
许德如	东华理工大学
付 勇	贵州大学
王 兵	贵州大学
杨克基	河北地质大学
沈越峰	合肥工业大学
高 迪	河南理工大学
郑德顺	河南理工大学
田振粮	南方科技大学
孙旭光	南京大学
唐朝生	南京大学

王孝磊	南京大学
罗京佳	南京信息工程大学
蔡闻佳	清华大学
林岩銮	清华大学
毛光周	山东科技大学
马　健	上海交通大学
朱　珠	上海交通大学
刘　静	天津大学
高　航	同济大学
鄢建国	武汉大学
封从军	西北大学
蔡阮鸿	厦门大学
沈忠悦	浙江大学
石许华	浙江大学
许建东	中国地震局地质研究所
周永胜	中国地震局地质研究所
赵志丹	中国地质大学（北京）
江海水	中国地质大学（武汉）
罗根明	中国地质大学（武汉）
王　轶	中国地质大学（武汉）
汪在聪	中国地质大学（武汉）
夏庆霖	中国地质大学（武汉）
张晓静	中国航天科技创新研究院
邓正宾	中国科学技术大学
陆高鹏	中国科学技术大学
王文忠	中国科学技术大学

	张少兵	中国科学技术大学
	张英男	中国科学技术大学
	李雄耀	中国科学院地球化学研究所
	何雨旸	中国科学院地质与地球物理研究所
	李金华	中国科学院地质与地球物理研究所
	李秋立	中国科学院地质与地球物理研究所
	赵　亮	中国科学院地质与地球物理研究所
	刘建军	中国科学院国家天文台
	屈原皋	中国科学院深海科学与工程研究所
	蒋　云	中国科学院紫金山天文台
	刘　宇	中国矿业大学（北京）
	颜瑞雯	中国矿业大学（北京）
	郭英海	中国矿业大学（徐州）
	史燕青	中国石油大学（北京）
	刘　华	中国石油大学（华东）
	韩　永	中山大学
	郝永强	中山大学
	卢绍平	中山大学
	张　领	中山大学
	张吴明	中山大学
	朱丽叶	中山大学
秘　书	崔　莹	北京大学
	祁于娜	中国地震学会

丛书序言

地球科学（含行星科学，即地球与行星科学）是研究人类居住的家园——地球的科学，是研究地球物质组成、运动规律和起源演化的一门基础学科，与数学、物理、化学、生物、天文构成了自然科学中的六大基础学科，同时又紧密依靠数学、物理、化学、生物等学科基本原理和方法来认识地球的过去、现在和未来，因此它又是一门交叉学科。地球科学与人类的繁衍生存息息相关。人类社会发展所依赖的能源和矿产资源的探寻，依赖于地球科学对于物质运移和富集规律的研究；解决人类所面临的各种环境问题、气候问题、自然灾害，也需要从地球的运行规律入手来建立科学的防治方案。

进入 21 世纪的今天，人类社会发展与自然环境的矛盾愈发显著，成为科学界与社会共同关注的焦点。应对气候变化和全球治理，不仅是地球科学家需要关注和解决的科学问题，也成为国家间政治博弈和国力角逐的关键点。我国"双碳"目标的提出，体现了我们作为一个负责任大国的担当，这也为当代地球科学家提出了新要求，他们必须从地球自然碳循环（板块运动、火山爆发、海气作用等）和人为碳循环的耦合作用机理入手，建立更加准确的预测模型，以支撑"双碳"目标的实现和国际合作与博弈。对于深海和深地的探索，不光开拓了人类的未知知识领域，也成为解决人类能源资源与矿产资源问题的一个新的增长点。深空探测则将我们的眼光从地球拓展到广袤的

大 气 圈

宇宙，特别是对于太阳系行星的探测、对地外资源的探测以及寻找并构建第二颗适合人类居住的行星，成为我们深空探测的核心和未来任务。总而言之，地球科学对于人类未来的发展具有重要的意义，因而，对于地球科学人才的培养也是未来发展的重要保障。

从另一个角度来说，提高全民的科学素养是实现中华民族伟大复兴的人才基础；只有全民的科学素养提高了，中华民族才能屹立于世界民族之林。而地球科学则是进行全面科学素养培养的一个重要平台。地球科学提供了诸多人们熟识但又陌生的自然现象，很容易引起人们的兴趣和关注；引导学生主动利用数学、物理、化学、生物等学科基础对这些自然现象进行解释，进而培养学生正确运用科学知识认知世界的能力，这是对现有人才培养过程的有利补充。

中华民族的复兴和未来国家战略计划的开展亟须具备大量科学思维的年轻人，虽然只有很少的一部分最后从事地球与行星科学方面的研究和工作，但地球科学可以提供提高科学素养的土壤。培养国家未来之地球科学拔尖人才则需要从中学（甚至小学）开始进行地球科学的启蒙和素质培养。

地球科学涵盖范围极广，其中包含了7个一级学科（地理学、地质学、地球化学、地球物理学、海洋科学、大气科学、环境科学）。一方面，由于学科发展的历史原因，各学科间尚未形成有效的交叉，这一现象严重阻碍了学科的拓展和人才的培养；另一方面，地球科学与其他基础学科（数学、物理、化学、生物）的结合还有待于进一步加强。基于上述问题，我们组织编写了这套面向中学生的地球科学科普丛书。基于对未来学科发展的预判，服务于国家重大战略需求以及在全民科学素养提升中应起到的作用，本套丛书对地球科学的学科进行整合，围绕地球系统科学、地球圈层与相互作用这一核心，

丛书序言

尽可能将现有的学科按照科学问题进行整合，知识体系将不再按照原有的学科体系排布，计划编纂成14册，包括：①《宇宙起源与太阳系形成》；②《地月系统起源与地球圈层分异》；③《地球物质基础》；④《大气圈》；⑤《水圈》；⑥《生物圈》；⑦《地球表面过程》；⑧《生物地球化学循环》；⑨《地球气候与全球变化》；⑩《资源与碳中和》；⑪《自然灾害与环境污染》；⑫《行星科学》；⑬《行星宜居性演化》；⑭《地球与行星探测技术》。丛书的科学逻辑从宇宙、太阳系、地球起源和圈层分异开始（第一、二册），然后依次介绍地球的各个圈层（第三至六册）和圈层间的相互作用（第七至九册），在此基础上重点关注了资源能源问题（第十册）、灾害与环境问题（第十一册）、地外行星的行星科学（第十二册），再从时间轴的角度介绍了宜居行星的演化历史（第十三册），最后将科学、技术、工程结合介绍地球与行星的探测技术（第十四册）。

作为一套面向中学生的科普读物，本套丛书重点关注地球科学的科学逻辑和知识体系的连贯，同时尽量做到内容扁平化，旨在培养学生的地球系统观和帮助学生建立较为完整的地球科学知识体系。为了引导学生主动利用"数理化生"基本原理来认识自然现象和理解地球科学的关键科学问题，我们将普遍建立地球科学与其他基础学科的连接，并对一些典型的例子进行深度剖析和数值解译，进而建立与更高层次（大学生）人才培养的衔接。

本套丛书由北京大学地球与空间科学学院牵头，中国地震学会深度参与，组织了来自全国30多所高校和科研院所的近百位专家学者构成丛书编委会。丛书编委会通过认真研讨，将地球科学的各个不同分支进行了学科整合和知识框架的整理，并编写了深入细化的科学提纲；在此基础上，委托10余所中学的教师组织编写团队，编写团队依照提纲进行内容的具体编写，各中学编

大 气 圈

写团队由涵盖物理、化学、生物、地理方向的至少 5 位老师组成，以期实现跨学科交叉；来自北京大学的博士研究生助理负责编写过程中科学问题的解疑和初稿的审定及修改；丛书编委会专家对书稿进行最终审定、修改并定稿。

希望本套丛书的出版能够对提高全民的科学素养有所裨益，成为爱好地球科学大众的入门读物，更期待有更多的地球科学爱好者学习地球科学知识，认识地球演化规律，共同保护地球——人类赖以生存的共同家园！

中国科学院院士
俄罗斯科学院外籍院士
北京大学地球与空间科学学院博雅讲席教授
2024 年 7 月 5 日于北京大学朗润园

作者简介

范兰

北京一零一中学地理教师,高级教师,海淀区兼职教研员,中国科学院地理所博士后。研究方向:气候变化、生态环境变化与粮食安全。承担国家级公开课38节,市级4节,区级11节。主持北京市级课题2项,海淀区重点课题2项,第一作者发表论文共9篇,作为主编出版书籍一册(3本),作为编委出版书籍2本。

张耀

北京一零一中学地理教师,北京大学博士。研究方向:流域地表过程、植被变化监测,发表多篇论文。

金梓乔

北京一零一中学地理教师,地理高级教师,北京市骨干教师,海淀区"四有教师",地理学科带头人,学科基地校首席教师,全国优秀科技辅导员,现任一零一教育集团地理教研组长,海淀区兼职教研员,主持、参与国家、市区级课题多项,著有《中学地理"生态·智慧课堂"理论与实践》一书,参与编写多本书籍,在《中学地理教学参考》《地理教学》等期刊发表文章多篇。

内容简介

本书以地球科学竞赛考纲为核心，系统阐述大气科学基础知识。全书共八章，涵盖大气组成与垂直分层、物理参数与静力学方程、辐射传输与能量平衡、动力学与热力学原理、云物理与降水机制、中高层大气结构及大气化学等内容。书中结合典型例题与示意图，解析地转风、绝热过程、静力稳定度等核心概念，并梳理云分类、气溶胶循环、臭氧层变化等实际应用知识。通过逻辑清晰的框架与科学表述，帮助读者构建系统知识体系，提升理论分析与实践能力。

第1章 大气的基本知识

1.1 大气组成···2
    1.1.1 干洁空气···3
    1.1.2 水汽、杂质和大气污染物···6
1.2 大气垂直分层··7
    1.2.1 对流层··8
    1.2.2 平流层··9
    1.2.3 中间层··10
    1.2.4 热层与外层··10

第2章 大气的物理学描述

2.1 大气的状态参数··14
    2.1.1 气温···14
    2.1.2 空气湿度··17
2.2 空气的状态方程··21
2.3 大气静力学方程··23
    2.3.1 大气静力学方程···23

2.3.2 压高方程 ……………………………………… 25
2.4 气压场的时空分布 …………………………………… 26
　　2.4.1 等压线和等压面 ……………………………… 26
　　2.4.2 气压随高度的变化 …………………………… 28
　　2.4.3 气压随时间的变化 …………………………… 29
　　2.4.4 气压系统的基本类型 ………………………… 31
　　2.4.5 影响大气水平运动的力 ……………………… 33

第3章 地面与大气的辐射过程

3.1 辐射的基本概念 ……………………………………… 40
　　3.1.1 热辐射基本定律 ……………………………… 41
3.2 大气对太阳辐射的吸收、反射和散射 ……………… 43
　　3.2.1 吸收 …………………………………………… 44
　　3.2.2 反射 …………………………………………… 44
　　3.2.3 散射 …………………………………………… 45
3.3 太阳辐射及其在大气中的传输 ……………………… 45
3.4 地球和大气的长波辐射 ……………………………… 46

第4章 大气动力学基础

4.1 大气运动基本方程 …………………………………… 50
　　4.1.1 运动方程 ……………………………………… 50
　　4.1.2 连续性方程 …………………………………… 51
4.2 大气中的平衡运动 …………………………………… 53
　　4.2.1 地转风 ………………………………………… 53

4.2.2　梯度风 ……………………………………………… 53
　　　4.2.3　热成风 ……………………………………………… 54
　4.3　自由大气中风随高度的变化 ……………………………… 55
　4.4　行星边界层中的风 ………………………………………… 56
　　　4.4.1　摩擦力对空气水平运动的影响 …………………… 56
　　　4.4.2　摩擦层中风随高度的变化 ………………………… 57
　4.5　局地环流风 ………………………………………………… 58
　　　4.5.1　海陆风 ……………………………………………… 58
　　　4.5.2　山谷风 ……………………………………………… 60

第5章　大气热力学基础

　5.1　热力学定律在大气中的应用 ……………………………… 62
　　　5.1.1　可逆干绝热过程 …………………………………… 64
　　　5.1.2　可逆湿绝热过程 …………………………………… 65
　　　5.1.3　不可逆假绝热过程 ………………………………… 65
　5.2　热力学图解 ………………………………………………… 67
　5.3　等压过程及绝热混合过程 ………………………………… 72
　5.4　大气静力稳定度 …………………………………………… 74
　5.5　气层的不稳定能量 ………………………………………… 76
　5.6　气层整层升降对稳定度的影响 …………………………… 77

第6章　云物理学基础

　6.1　云的分类与形成条件 ……………………………………… 80

6.2 主要云属的宏观和微观特征·················84
    6.2.1 三种基本云型：卷云、积云和层云·········87
    6.2.2 高云、中云、低云·····················87

6.3 云滴的凝结增长·····························93
    6.3.1 暖云碰并增长过程·····················94
    6.3.2 冷云贝吉龙过程·······················96

6.4 冰雹的增长·································99

6.5 自然降水过程······························102
    6.5.1 雨、毛毛雨和薄雾·····················103
    6.5.2 雨夹雪和冻雨·························104
    6.5.3 雾凇································104
    6.5.4 雪··································105
    6.5.5 冰雹································106

6.6 人工影响天气基础··························107

6.7 大气中的光、电、声现象····················109
    6.7.1 大气中的光现象·······················110
    6.7.2 大气中的电现象·······················124
    6.7.3 大气中的声现象·······················137

第7章 中高层大气简介

7.1 中高层大气结构····························144
    7.1.1 电离层······························146
    7.1.2 磁层································147

7.2 中高层大气光电现象 ·· 149

    7.2.1 极光 ··· 149

    7.2.2 气辉 ··· 150

    7.2.3 磁暴 ··· 151

    7.2.4 电离层暴 ·· 152

第8章　大气化学

8.1 大气成分浓度和停留时间的表示方法 ················· 154

    8.1.1 浓度及其表示方法 ·· 154

    8.1.2 平均停留时间 ··· 156

8.2 大气各组成成分的源 ·· 158

    8.2.1 生物源 ·· 158

    8.2.2 非生物源 ·· 159

8.3 汇和循环 ··· 160

    8.3.1 大气化学成分的汇 ·· 160

    8.3.2 大气化学成分的循环 ···································· 161

8.4 大气中重要微量气体 ·· 165

    8.4.1 平流层中的臭氧 ··· 165

    8.4.2 对流层中的臭氧 ··· 169

8.5 大气气溶胶 ··· 170

    8.5.1 大气气溶胶概述 ··· 170

    8.5.2 气溶胶的产生过程 ·· 171

8.6 大气污染 ··· 173

    8.6.1 大气污染的危害 ··· 173

大气圈

8.6.2 大气污染源……………………………… 175

8.6.3 影响污染事件发生的条件………………… 177

8.6.4 大气污染的防治…………………………… 179

第 1 章

大气的基本知识

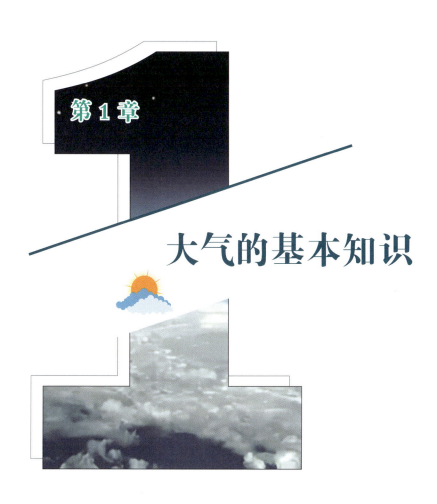

> 大气圈

地球之所以在众多行星中独树一帜,关键在于它孕育了生命。产生这一奇迹的原因之一是地球拥有厚薄适宜的大气圈。大气圈能够吸收太阳辐射中的紫外线等高频辐射,使得地球的生物免受宇宙线伤害。经过40多亿年的演化后,现代大气的组分、温度及其变化,已经非常适宜现代地球表面生命的生存。

1.1 大气组成
The composition of the atmosphere

地球的大气层是随着地球自身的形成和发展而逐渐形成的,它经历了三个主要的发展阶段:原生大气、次生大气以及现代大气。现代大气的成分是长期自然演化的结果,并且在短时间内不会发生显著的变化。25 km 以下的低层大气中,除去水汽和杂质以外的混合气体,称为干洁空气(图1.1)。

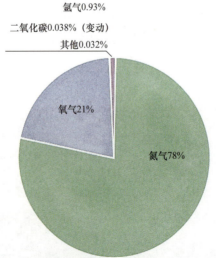

图 1.1　干洁空气成分的体积分数(25 km 以下)

1.1.1 干洁空气

干洁空气的组成主要包括占总体积约99%的氮气（N_2）和氧气（O_2），保护地表生物免受太阳紫外线辐射侵害的臭氧（O_3），占比很少但由于具有温室效应所以相当重要的二氧化碳（CO_2）、甲烷（CH_4）等气体，以及氩气等其他气体。

（1）氮气和氧气

干洁空气中，氮气和氧气合占总体积的99%，被称为大量气体。虽然这两种气体是大气成分中最多的，而且对地球上的生命具有非常重要的意义，但它们对天气现象几乎没有影响（或并不重要）。大气中的氧是人类和其他生物维持生命活动所必需的物质。这是因为动物和植物都要进行呼吸作用，都要在氧化作用中得到热能以维持生命。氧气还对有机物质的燃烧、腐败和分解过程起着决定性作用。氮是地球上生物体的基本元素。此外，氮也是制造化学肥料的原料，豆科植物可通过根瘤菌的作用，直接将大气中的氮改造为植物体内的蛋白质等有机物。大气中的氮能稀释氧，使氧不至于太浓，氧化作用不过于激烈。

（2）二氧化碳和臭氧

地球大气中主要的温室气体是二氧化碳、臭氧、水汽（H_2O）、甲烷和氧化亚氮（N_2O）等。温室气体指的是大气中能吸收地表发射的长波辐射，并重新发出长波辐射的一些气体，它们的作用效果最终使得地球表面变得更暖。这种温室气体使地球变得更温暖的过程被称为"温室效应"。

二氧化碳是生命活动中有机物氧化的必然产物,无论是化石燃料的燃烧、

大气圈

有机物的分解还是动植物的呼吸过程,都会释放出这种气体。这些活动大多发生在大气圈的底层,导致二氧化碳主要集中于大气底部 20 km 的薄层内。20 km 以下,大气中二氧化碳一般占 0.03%;到了 20 km 以上,二氧化碳含量就显著减少。底层大气中的二氧化碳含量,存在较为明显的时空差异。大致夏季较多、冬季较少,城市较多、农村较少。在大工业城市,大气中二氧化碳的含量可达到 0.05%,甚至 0.07%。二氧化碳对太阳辐射的吸收很少,却能强烈地吸收地面辐射,同时它又向周围空气和地面发射长波辐射,对地面的温度产生一定的影响。因此,虽然二氧化碳在大气中含量很少,但从气象上讲它却是重要的大气成分。气象学家特别关注二氧化碳,因为它可以有效吸收地球放出的辐射能量而影响大气的加热。虽然二氧化碳在大气中的体积占比相对而言是不变的,但是其含量在近一个多世纪以来已经在稳步地上升。其主要原因是人类活动中不断增加的化石燃料的使用,如煤炭和石油,以及森林面积的减少。这些增加的二氧化碳有些被海水或者植物吸收,但仍有超过 40% 留在了大气中。根据预测,到 21 世纪后半段,大气中的二氧化碳含量将达到工业化之前的水平的 2 倍。

臭氧,是由三个氧原子组成的一种氧的形式。它和我们呼吸的由两个氧原子组成的氧气不同,在大气中的含量非常少。每 1000 万个空气分子中只有 3 个臭氧分子,而且它的分布是不均匀的。在我们人类生活的大气圈的最底层,臭氧浓度大概不到亿分之一。它主要分布在距地面 12～50 km 高的平流层。在这一高度范围内,氧分子因吸收太阳紫外辐射而分离成两个氧原子。当单个氧原子和一个氧分子相碰撞时,臭氧就产生了。这种情况发生的必要条件是,必须存在第三个中性氧分子作为催化剂,使反应发生而其本身不参与反应过程。臭氧主要集中在平流层是因为那里存在一个起决定作用的平衡条件:来自太阳的紫外线辐射足以产生单个氧原子和足够的气体分子以产生所需要的碰撞。大气中臭氧层的存在对居住在地面的我们十分重要，因为臭氧吸收来自太阳的具有潜在危害的紫外线辐射。事实上，大气圈中臭氧的主要作用正是对太阳短波辐射的吸收而非对地表长波辐射的吸收。正如我们所知道的，如果臭氧没有过滤掉大量的紫外线辐射，如果来自太阳的紫外线未受到衰减就到达地球表面，那么我们的陆地对大多数生命而言将不适合居住。紫外线辐射增强会增加患皮肤癌的风险，给人类的免疫系统造成负面影响，并可能导致白内障的发生，农作物的产量和质量也将受到不利影响。观测显示，南极地区已出现臭氧空洞现象。

拓展阅读

臭氧的形成和对紫外线的吸收作用

从对流层输送来的氧气在平流层被波长较短的来自太阳的紫外线（<0.24 μm）光解离，形成氧原子。氧原子和氧气分子重新结合就生成了臭氧分子，这一过程同时实现了对部分紫外线的吸收。

$$O_2 + hv \ (<0.24 \ \mu m) \rightarrow 2O$$

$$O + O_2 + M \rightarrow O_3 + M$$

已经生成的臭氧，在来自太阳的波长较长的紫外线（<0.32 μm）的作用下再次解离，同时实现对另一部分紫外线的吸收。

$$O_3 + hv \ (<0.32 \ \mu m) \rightarrow O + O_2$$

这种光化学反应维持了臭氧层的存在，同时也实现了对绝大部分太阳紫外线辐射的吸收。并且，由于臭氧层对紫外线的吸收，使得12～50 km高度的大气温度升高，形成了平流层。

> 大 气 圈

1.1.2　水汽、杂质和大气污染物

　　距地表 25 km 内的大气除了干洁空气以外的部分，主要是含量极少的水汽、杂质和大气污染物。虽然大气中的水汽和杂质含量很少，但它们却是地表复杂天气现象的主要影响因素。

　　水汽含量在大气中变化非常大，可以从几乎为零变化到体积百分比高达 4%。为什么占大气如此小比例的水汽会这么重要呢？因为水汽是所有云和降水的来源。除此以外，与二氧化碳一样，水汽还有吸收地球发出的长波辐射和吸收部分太阳辐射的能力。因此，我们研究大气加热时它就非常重要。水在发生相变时，会吸收或放出热量。这种水的状态变化放出的能量称为潜热，其意思是潜藏的能量。水汽在大气中伴随着运动将这种潜热从一处传输到另一处，从而给很多风暴事件提供了能量。

　　云的形成和降水过程离不开固体杂质作为凝结核，它们是云滴和雨滴形成的关键。如果没有这些固体杂质，云的生成和降水过程将变得极为困难。这些凝结核可以来源于自然现象，例如火山爆发时释放的尘埃，也可以来源于人类活动，比如工业排放的颗粒物等。人类活动产生的污染物不仅进入大气，改变大气的组成，还可能导致大气污染。大气污染不仅影响空气质量，还可能对云的形成和降水模式产生深远的影响。

　　大气的运动足以保证大量的固体和液体颗粒悬浮在其中。相对较大的颗粒由于过于沉重而很难在空气中停留太长时间，微小颗粒则可以在空气中悬浮相当长的时间。这些微小颗粒的来源很多，主要是由自然和人类共同造成的，包括因浪花破碎产生的海盐、吹进大气中的细微土壤、大火产生的烟雾、被风吹起的孢粉和微生物、火山爆发产生的火山灰等。所有这些固态的和液

态的微粒统称为气溶胶。

在接近地球表面微粒产生源头的底层大气中,有大量气溶胶存在。除此以外,高层大气中也有气溶胶存在。这是因为有些尘埃会被空气的上升气流带到相当高的地方,其他一些微粒则来源于陨石穿过大气层时的分裂破碎。

从气象学观点来看,这些通常难以看见的微粒是相当重要的。首先,这些微粒可以作为水汽凝结的凝结核,而这正是云和雾形成的重要因素;其次,气溶胶可以吸收和反射太阳辐射,因此,当火山爆发产生的火山灰充满大气层等类似事件发生时,到达地球表面的太阳辐射会明显减少,进而可能出现地表温度骤降;最后,气溶胶可以产生一种美丽的光学现象——太阳在升起或落下时产生红色和橙色的色调变化,若没有气溶胶,或许就没有"落霞与孤鹜齐飞,秋水共长天一色"的美丽景象了。

1.2 大气垂直分层
The atmosphere is vertically stratified

大气自下而上,可以延伸到 2000～3000 km 的高空。地球大气通常以温度随高度的变化而划分为对流层、平流层、中间层、热层等几个区域(图 1.2)。有时把从平流层的上部开始向上一直到热层的部分统称为中高层大气。

大气圈

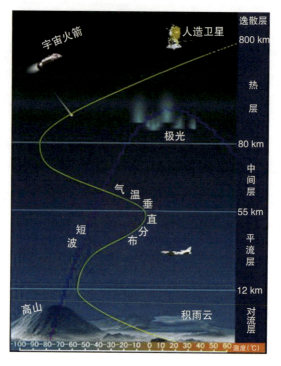

图1.2 大气的热力结构

1.2.1 对流层

我们所生存的温度随高度升高而降低的大气圈的最底层0～12 km的范围称为对流层（图1.2）。对流层是气象学家关注的焦点，因为几乎所有重要的天气现象——所有的云和降水，以及剧烈的风暴都发生在这一层大气中，这也是为什么对流层经常被称为"天气圈"。

这层大气是1908年由泰塞伦·德波尔命名的，字面意思是，在这一范围内的空气是"翻转混合"的，即在这个区域内的大气在垂直方向有显著的混合。对流层中气温随高度的下降程度称为气温垂直递减率，其平均值是

6.5°C/km，这个数值被称作标准速度递减率。但是，气温垂直递减率并不是一个常数，会有很大变化且必须定期观测。为了确定实际气温垂直递减率，获得气压、风速和湿度的垂直变化信息，需要使用无线电探空仪。无线电探空仪是一个由气球携带的、在上升过程中通过无线电波传输数据的仪器装置。气温垂直递减率会在一天中随着天气的扰动而变化，也会因季节和区域不同而变化。有时会在对流层中一个较薄的层次中观测到温度随高度增加而升高的现象，一旦发生这一逆转现象，就认为出现了逆温。

温度下降一直持续到平均约 12 km 处，但对流层的厚度并不均一。在热带地区，对流层可达到 16 km 以上，而在极地地区则大大减小了，只有不超过 9 km。在赤道附近，地表温度较高和充分的热对流使得对流层在垂直方向得到较大扩展，其结果是，气温在更长的距离上持续递减。因此，尽管热带地区地表有相对较高的温度，但对流层的最低温度也出现在热带对流层顶部而不是极地对流层顶部。

1.2.2 平流层

对流层之上 12.5 km 处进入平流层，对流层与平流层之间的边界称为对流层顶。在对流层之下，大气的性质主要表现为大尺度的扰动和混合，而在此高度之上的平流层，大气就不具有这些性质了。在平流层开始到 20 km 高度处，大气温度几乎保持不变，然后开始急剧升高一直到约 50 km 的平流层顶。较高的温度出现在平流层主要是因为这里臭氧集中，而臭氧吸收大量来自太阳的紫外线辐射，因而平流层被太阳辐射加热。虽然臭氧的最大浓度分布在 20 ~ 28 km，但在此高度之上的少量臭氧吸收的紫外线能量也足以产生

大气圈

较高的温度。

1.2.3 中间层

在大气的第三层，高度为 55 ～ 80 km 的范围是中间层。在这一层中，温度又开始随高度的增加而降低，直到距地面约 80 km 的中间层顶。中间层的平均温度约为 –90°C，大气层最低的温度出现在中间层顶。在平流层，臭氧吸收太阳紫外线辐射，而在 100 km 高度及以上的热层，大气吸收了更短波长的太阳紫外线（极紫外线）辐射，而在这两个高度之间的中间层，就形成了大气中温度最低的区域。中间层大气底部的气压已经下降到海平面气压的百万分之一。由于很难进行探测操作，中间层大气是整个大气层中人们了解得最少的部分之一。原因是飞机和探空气球的最高飞行高度都无法到达这里，而最低轨道的卫星的最低飞行高度又高于这一高度。目前，正在尝试使用遥感等技术来探测这一区域。

1.2.4 热层与外层

热层是从中间层顶向外延伸的没有确定上界的大气层的第四个层次，高于 80 km 的大气区域统称为热层（图 1.2）。这一层只含有很少部分的大气，非常稀薄；虽然这一区域的大气质量只占整个大气质量的百万分之一，但仍能对运行其中的卫星和空间站产生显著的阻力，导致返回舱的黑障现象，以及与陨石摩擦燃烧产生流星。在这极端稀薄的最外层大气里，因为氧和氮原子吸收波长很短、能量极大的太阳极紫外线辐射（波长 < 0.1 μm），温度又

开始随高度的增加而升高。热层温度最高可超过 1000°C 的极端值。这一温度和地面附近温度不具有可比性。温度是用分子平均运动速度来定义的，因为热层气体的分子以非常高的速度运动，所以那里的温度非常高。但是由于气体分子非常稀少，因而总体所具有的热量是极小的。正因为如此，在热层中绕地球运行的卫星的温度主要依据其吸收的太阳辐射量而不是其周围非常稀薄的气体的温度来确定。在热层中，宇航员如果把手伸到空气中，是不会有热的感觉的。

热层之外是外层，即 800 km 高度以上的大气层，也称为逸散层。它是地球大气的最高层。这一层是地球大气圈与行星际空间的过渡地带，其气温随高度的增加而升高。由于温度高，粒子运动很快，又因距地较远，地球引力作用较小，所以这一层的主要特征是大气分子、原子经常逸散至行星际空间。于是在地球大气层之外仍然存在极其稀薄的气体，可伸展到几千千米之外，称为地冕。

热层及以上的外层大气由于高度稀薄，同时地球引力场的束缚也大大减弱，且这一区域的太阳辐射也极强，因此往往呈现出与对流层、平流层、中间层大气迥然不同的特殊的理化性质。

（1）非均质

除了按温度垂直变化特征来对大气分层外，大气根据其成分常常被分为两层：均质层和非均质层。从地面到大约 80 km 的高度，大气的气体成分比例是不变的，也就是说其成分与干洁空气（图 1.1）是一样的。这一较低的均匀层称为均质层，即成分均匀的部分。与此相反，80 km 高度以上非常稀薄的大气，其成分不是均匀混合的，按分子量从下向上呈层化分布（鸡尾酒

大 气 圈

结构），因而称为非均质层。在这里，气体大致分为4层，每层都有其特定的成分。最低一层以氮气分子为主，上面一层是氧原子，接着是氦原子，最后一层大部分是氢原子。非均质层的这种气体层结构特征是由各分子/原子质量决定的。氮气分子质量最大，因此它的位置最低，最外层的是最轻的氢原子。

（2）电离

大约在50 km高度以上，太阳辐射把一部分大气分子和原子电离了，使大气成为等离子体状态，这个高度以上就称为电离层。电离层与较低的热层一样是非均质层。在这里，氮气分子和氧原子在吸收太阳的高能量短波辐射后很容易电离。在电离过程中，每个被电离的分子或原子都会失去一个或多个电子而带正电，与释放出的电子一起构成等离子体状态。电离层最重要的特性之一是会改变在其中传播的电磁波，如使来自地面的无线电波反射，从而实现远距离的广播和通信。

虽然电离发生在50～1000 km和低到约50 km的不同高度上，但带正电的离子和带负电的电子主要集中在80～400 km范围内。因为在较高高度上，太阳的短波辐射大量参与电离过程而被吸收掉，所以80 km高度以下离子的浓度并不大。在超过400 km以上直到电离层上界范围内离子浓度低的原因是大气空气密度太低，所能产生的离子和自由电子较少。

大气的密度随着高度增加而迅速减小，越往上越稀薄，直至与行星际气体融合，所以大气没有截然分明的外边界。现阶段，大气物理和大气探测学主要研究对流层和中间层大气。

第 2 章

大气的物理学描述

> 大 气 圈

2.1 大气的状态参数
State parameters of the atmosphere

大气的状态指的是大气的物理状态，其重要描述参数包括温度、压强、密度、湿度等。凭借这些基础参数，便可以初步了解大气状态对于生物的适宜程度，包括降水可能性、体感温度等。此外，深入剖析这些参数的时空分布规律，有助于我们预判一系列气候事件，如剧烈降水、热带气旋乃至飓风的发生。然而，要达成气候事件的精准预测，尚需依赖更为详尽的遥感数据作为辅助，以完善我们的预测体系。

2.1.1 气温

气温是天气和气候的基本要素之一，气温是了解一个地方或一个地区天气和气候的必要组成部分，意义重大。

温度的计量方式是温标。不同的国家和地区采用不同的温标。目前比较常见的有3种：摄氏温标、华氏温标和开尔文温标（也叫热力学温标）。其中，绝大多数国家和地区用摄氏温标，华氏温标主要是美国等国家和地区使用，部分地区科学家有时也会用开尔文温标。

拓展阅读

温标的介绍

摄氏温标、华氏温标和热力学温标的主要区别在于它们选择的特定温度的参考点,也就是基准点不同。

1714年,德国物理学家加布里埃尔·华伦海特(Gabriel Fahrenheit)发明了Fahrenheit温标(华氏温标)。他制作了一个玻璃水银温度计,将冰、水和盐的混合物所能达到的最低温度作为温度计的0°F,而概略地将人体温度作为另一个基准点96°F。按这个温标,冰的熔点为32°F,标准大气压下纯水的沸点为212°F。由于华伦海特的原始基准点很难再现,因此现在的华氏温标选择冰点和沸点作为基准点,人体温度也修正为98.6°F(传统的"人体温度"确定于1868年。最近的一项评估将这个温度修正为98.2°F,误差范围4.8°F)。

1742年,在华伦海特发明华氏温标28年后,瑞典天文学家安德斯·摄尔修斯(Anders Celsius)发明了另一种温标。这种温标以冰的融点作为0°C,标准大气压下纯水的沸点作为100°C。这种温标称为百分度温标,也以发明者的名字称为摄氏温标。

摄氏温标中冰的熔点和水的沸点的间隔是100°C,华氏温标中这一间隔是180°F,1摄氏度(°C)相当于1.8华氏度(°F)。所以,温标之间进行转换时,除了数值需要变化外,单位标记也要变。华氏温度t_F与摄氏温度t二者之间的关系如下:

$$t\,/\,°C = (t\,/\,°F - 32) \div 1.8 \quad \text{或} \quad t\,/\,°F = t\,/\,°C \times 1.8 + 32$$

大气圈

> 热力学温标也叫开尔文温标或开氏温标,与摄氏温标的间隔相同,冰的熔点和水的沸点间隔 100 K。在开氏温标中,以分子热运动无法进行的温度为 0 K(也叫热力学零度),因此冰点为 273 K,沸点为 373 K。由于不会有低于热力学零度的温度,因此,与摄氏温标和华氏温标不同的是,在开氏温标中不会出现负值。开氏温度 T 和摄氏温度 t 之间的关系如下:
>
> $$t\,/\,°C = T\,/\,K - 273 \quad 或 \quad T\,/\,K = t\,/\,°C + 273$$

根据热力学第二定律,当两个物体由于温度不同处于热不平衡状态时,热量会自发地从高温物体转移到低温物体。而气象学家进一步将热量分成两类:潜热和感热。

潜热是指水发生相变时吸收的能量。如水的蒸发过程会吸收热量,这是因为在蒸发过程中,水由液态转变为气态的过程需要热量来打破水分子之间的氢键。而由于大量具有能量的水分子脱离,水体的平均动能(温度)就会下降,因此,蒸发是一个冷却过程。你可能有这样的经历:你沾满水的身体从游泳池或浴缸里出来时会感到冷。原因就是蒸发的水带走了你身体表面的热量,这部分逃离的水汽分子吸收的能量就称为潜热("潜"即"隐含"的意思),因为它并没有使温度升高。储存在水汽分子中的潜热最后会在凝结过程,即云的形成过程中重新释放到大气中。

而感热是我们可以感觉到的热量,它可以用温度计测量。之所以称为感热,是因为它能够被"感觉"到。在冬季,由墨西哥湾产生的热空气流入美国中部的大平原就是一个感热输送的例子。

2.1.2 空气湿度

湿度是用来表示空气中的水汽含量的一个常用词，但准确度量湿度却不是一件容易的事，至少远不像测量温度那样简单直接。这是因为，湿度是一个相对模糊的概念，在一开始提出时，它实际上指的是人们体感的环境潮湿程度。但是在实际测量过程中，气象学家发现这个体感潮湿程度实际上受到水汽质量、空气质量、压力、温度等多种因素的影响，所以为了精准描述空气湿度，气象学家提出了多种指标，包括绝对湿度、混合比、比湿、水汽压、相对湿度和露点温度等。

（1）绝对湿度

绝对湿度是指给定体积空气中水汽的质量（通常以每立方米空气中的水汽质量来表示），即

$$绝对湿度 = 水汽质量（g）/ 空气体积（m^3）$$

当空气从一地运动到另一地时，压力和温度都会发生变化，因而其体积也会改变。当空气体积改变时，即使没有水汽进入或离开，其绝对湿度也会改变。因此，用绝对湿度指标很难确定移动气团中的水汽含量。所以，气象学家更倾向于用混合比来表示空气中的水汽含量。

（2）混合比和比湿

混合比是指在单位体积内水汽质量与干空气质量的比，即

$$混合比 = 水汽质量（g）/ 干空气质量（kg）$$

因为混合比是以质量单位来表示的（通常是 g/kg），因此不会受到温度

大 气 圈

和气压的影响。

比湿是单位体积内水汽质量与包括水汽在内的空气质量的比。因为实际空气中的水汽质量很少超过整个空气质量的 1%，所以在实际应用中一般认为空气的比湿和混合比是一样的。

然而，无论是绝对湿度还是混合比都很难从样本中直接测量得到，因此需要采用其他方法来表示空气中的水汽含量。

（3）水汽压

水汽压是指潮湿空气中水汽的分压强，等同于空气中水汽的绝对含量。它可以被理解为水汽在大气总压强中的分压强，其国际制单位为百帕（hPa）。整个大气压的一部分来自空气中的水汽。空气中水汽含量愈多，水汽的分压力就愈大，也就是水汽压愈大。

拓展阅读

饱和水汽压

在一个盛有一部分水的密闭容器中，水面上方的空气会发生如下过程：

开始时，离开水面（蒸发）的分子多于回到水面（凝结）的分子，随着越来越多的分子从水面蒸发，空气中的水汽压不断增加，而水汽压的增加又会强迫更多的分子回到液态水中。最终回到水表面的分子数与离开水表面的分子数达到平衡，此时的空气状态就被称为饱和状态。当空气达到饱和状态时，由水汽分子运动产生的水汽压称为饱和水汽压。

现在，假设通过加热密闭容器来打破这种平衡，增加的能量将导致蒸发增加，这将使水面上空气中的水汽压增加，直到在蒸发与凝结之间达到一个新的平衡。由此可见，饱和水汽压是与温度有关的。也就是说，较高的温度会产生更多的水汽来使空气达到饱和（图2.1）。饱和水汽压随着气温的升高而迅速增加。温度每增加10°C，使空气饱和所需的水汽量就要加倍：温度为10°C时，饱和水汽含量为9 g/m³；温度为20°C时，饱和水汽含量为17 g/m³；温度为30°C时，饱和水汽含量为30 g/m³。因此，在30°C时空气达到饱和所需的水汽量大约是10°C时的3倍多。

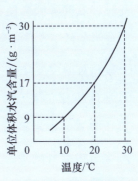

图 2.1 空气饱和状态与气温关系图

（4）相对湿度

相对湿度是指空气中的实际水汽含量与在这一温度时饱和水汽含量的比值。相对湿度表示的是空气相对饱和状态的接近程度。

因为相对湿度是以空气实际水汽含量和饱和状态下的水汽含量为基础确定的，所以可以改变两个量中的任何一个来改变相对湿度。首先，当水汽进入空气时，水汽压将发生变化，空气的相对湿度将增加，直至饱和（相对湿度100%）为止。如果继续向饱和的空气中加入水汽会怎么样呢？相对湿度不会超过100%，多余的水汽会倾向于凝结为液态水。其次，空气的饱和水

大气圈

汽含量是温度的函数,所以相对湿度也随温度变化:当空气中的水汽含量保持不变时,温度降低会使相对湿度升高;相反,温度升高则使相对湿度降低。

在自然条件下,有三种主要形式的空气温度变化(在相对较短的时间内)可以引起相对湿度变化:

① 温度的日变化(白天与夜间温度的差异);

② 空气从一地水平运动到另一地引起的温度变化(平流);

③ 大气中空气的垂直运动引起的温度变化(对流)。

(5)露点温度

露点温度,或简称露点,是空气因冷却而达到饱和时的温度。在自然情况下,温度降低到露点以下会使水汽凝结。

与相对湿度用来表示饱和程度不同,露点温度是表示空气中实际水汽含量的量度。由图 2.1 可知,饱和水汽压与温度有关,温度每升高 10°C,空气达到饱和所需的水汽量就要增加约 1 倍。因此,0°C 的空气中饱和水汽量只有 10°C 空气中饱和水汽量的一半,大约为 20°C 空气中饱和水汽量的 1/4。因为露点温度是空气达到饱和时的温度,所以可以得出结论:露点温度越高,空气湿度越大;反之,露点温度越低,空气越干燥。更准确地讲,根据已经知道的水汽压和饱和空气的概念,可以这样描述露点温度:每升高 10°C,空气所含的水汽增加 1 倍。因此,我们知道露点温度 25°C 时空气中的水汽含量是露点温度 15°C 时的 2 倍,是露点温度 5°C 时的 4 倍。

因为露点温度是表示空气中水汽含量的一个有用指标,所以通常会出现在天气图上。当露点温度超过 18°C 时,大多数人会感到空气潮湿;当空气的露点温度超过 24°C 时,人就会感到不舒服。

2.2 空气的状态方程
The equation of state of air

空气状态常用密度（ρ）、体积（V）、压强（p）、温度（t 或 T）表示。通过确定这几个参数的值，便可以确定一团空气的物理状态。对一定质量的空气，其 p、V、T 之间存在函数关系。举例来说，当一股小型气团自地表逐渐上升，随着海拔高度的增加，其所受的外部大气压力呈递减趋势，进而引发空气体积的相应膨胀。这一膨胀过程中，空气通过对周围环境做功，导致其内部能量被耗散，最终表现为气温的降低。这说明，当某一参数（如压力）发生变化时，与之相关联的其他物理属性（如体积、温度）亦会随之变化。如果三个量都不变，就称空气处于一定的状态中，因此研究这些量的关系就可以得到空气状态变化的基本规律。

若上述提及的几个物理量（压力、体积与温度）能够维持在一个恒定的水平，则可称空气处于某一特定的稳定状态。基于这一认知，通过深入探究这些物理量之间的联系和变化规律，能够揭示出空气状态变化的基本法则，这对于理解大气科学、气象预测等是至关重要的。

根据大量的科学实验总结出，一切气体在压强不太大、温度不太低（远离绝对零度）的条件下，一定质量气体的压强和体积的乘积除以其绝对温度等于常数，即

> 大 气 圈

$$\frac{p_1V_1}{T_1} = \frac{p_2V_2}{T_2} = \frac{p_3V_3}{T_3} = \Lambda = \frac{p_nV_n}{T_n}$$

$$\frac{pV}{T} = 常量$$

上式即理想气体状态方程。严格符合该方程的气体，即称为理想气体。实际上，理想气体并不存在，但在通常大气温度和压强条件下，干空气和未饱和的湿空气都十分接近于理想气体。

在标准状态下（$p_0 = 1013.25$ hPa，$T_0 = 273$ K），1 mol 的理想气体，体积约等于 22.4 L，即摩尔体积 $V_{0\,mol} = 22.4$ L/mol。因此

$$\frac{pV}{T} = \frac{p_0 V_{0\,mol}}{T_0} = R$$

$$R = \frac{1.01325 \times 10^5 \text{ Pa} \times 2.24 \times 10^{-2} \text{ m}^3/\text{mol}}{273 \text{ K}} \approx 8.31 \text{ J/(mol·K)}$$

该值对 1 mol 任何气体都适用，所以称为普适气体常数。在对分子量不固定的气体进行计算时，理想气体状态方程常常写作

$$pV = nRT$$

其中，n 表示该种理想气体的物质的量，单位是 mol。

在实际应用时，理想气体状态方程可以进行一定的变形。

若某种气体的摩尔质量是 M，而它的实际质量是 m，那么它的物质的量 n 就是 m/M，则原方程可变形为

$$pV = \frac{m}{M}RT$$

即

$$pM = \rho RT$$

其中，ρ 表示该种气体的密度。

如前所述，可以把干空气（不含水汽、液体和固体微粒的空气）视为摩尔质量 $M = 28.97$ g/mol 的单一成分的气体来处理，这样干空气的比气体常数 R_d 为

$$R_d = \frac{R}{M} = \frac{8.31 \text{ J/(mol·K)}}{28.97 \text{ g/mol}} \approx 0.287 \text{ J/(g·K)}$$

则干空气的状态方程为

$$p = \rho R_d T$$

2.3 大气静力学方程
Equations of atmospheric statics

2.3.1 大气静力学方程

假设大气相对于地面处于静止状态，则某一点的气压值等于该点单位面积上所承受铅直气柱的重量。在大气柱中截取面积为 1 cm²、厚度为 dz 的薄气柱。设高度 z 处的气压为 p，上顶面高度 z + dz，上顶面处的气压为 p + dp，空气密度均匀为 ρ，重力加速度为 g。在静力平衡条件下，空气柱下表面上受到的向上的压力 p、空气柱上表面上受到的向下的压力 p + dp，加上空气柱自身的重力 G（等于 ρgdz）应该构成一组平衡力，设向上为正方向，即

大气圈

$$p - (p + \mathrm{d}p) - \rho g \mathrm{d}z = 0$$

$$\mathrm{d}p = -\rho g \mathrm{d}z$$

这就是为什么在对流层、平流层和中间层，气压会随着高度的上升逐渐下降。需要注意的是，这个推导过程只对对流层、平流层和中间层大气，也就是 80 km 高度范围内的地球大气适用。因为只有这个范围内的地球大气是均质的，所以在这个大气层中，可以认为静力学平衡几乎成立。

上式是气象上应用的大气静力学方程。方程说明，气压随高度递减的快慢取决于空气密度和重力加速度的变化。重力加速度随高度的变化量一般很小，因而气压随高度增加递减的快慢主要决定于空气密度。在密度大的气层里，气压随高度增加递减得快，反之则递减得慢。实践证明，静力学方程虽是静止大气的理论方程，但除在有强烈对流运动的局部地区外，其误差仅有 1%，因而得到广泛应用。将上式变换为

$$-\frac{\mathrm{d}p}{\mathrm{d}z} = \rho g$$

将状态方程 $\rho = \dfrac{p}{R_\mathrm{d} T}$ 代入，得

$$-\frac{\mathrm{d}p}{\mathrm{d}z} = \frac{g}{R_\mathrm{d}} \frac{p}{T}$$

其中：R_d 为空气常数；T 为热力学温度；$-\dfrac{\mathrm{d}p}{\mathrm{d}z}$ 称为铅直气压梯度或单位高度气压差，它表示每升高 1 个单位高度所降低的气压值。

实际工作中还经常引用单位气压高度差（h），它表示在铅直气柱中气压每改变一个单位所对应的高度变化值。显然它是铅直气压梯度的倒数，即

$$h = \frac{R_\mathrm{d} T}{pg}$$

将 R_d、g 值代入，并将 T 换成摄氏温标 t，则得

$$h \approx \frac{8000}{p}(1 + t/273) \text{ (m/hPa)}$$

在同一气压下，气柱的温度越高，密度越小，气压随高度增加递减得越缓慢，单位气压高度差越大。反之，气柱的温度越低，单位气压高度差越小。在同一气温下，气压值越大的地方，空气密度越大，气压随高度递减得越快，单位气压高度差越小。

大气总处于静力平衡状态，当气层不太厚和要求精度不太高时，上式可以用来粗略地估算气压与高度间的定量关系，或者用于将地面气压订正为海平面气压。如果研究的气层高度变化范围很大，气柱中上下层温度、密度变化显著时，该式就难以直接运用，就需采用适合于较大范围气压随高度变化的关系式，即压高方程。

2.3.2 压高方程

为了精确地获得气压与高度的对应关系，通常将静力学方程从气层底部到顶部进行积分，即得出压高方程

$$\int_{p_1}^{p_2} dp = -\int_{z_1}^{z_2} \rho g dz$$

式中，p_1、p_2 分别是高度 z_1 和 z_2 的气压值。该式表示任意两个高度上的气压差等于这两个高度之间的单位截面积的空气柱的重量。用状态方程替换式中的 ρ，得

$$\int_{p_1}^{p_2} \frac{dp}{p} = -\int_{z_1}^{z_2} \frac{g}{RT} dz$$

大气圈

$$\ln \frac{p_2}{p_1} = -\int_{z_1}^{z_2} \frac{g}{RT} dz$$

$$p_2 = p_1 e^{-\int_{z_1}^{z_2} \frac{g}{RT} dz}$$

上式是通用的压高方程，它反映气压随高度的增加而随指数递减的规律。而且在大气低层，气压递减得快，在大气高层，气压递减得慢。当温度低时，气压递减得快；当温度高时，气压递减得慢。利用上式，原则上可以进行气压和高度间的换算，但直接计算还是比较困难。因为在公式中，g 和 T 都随高度而变化，而且因不同高度上空气组成的差异，R 也会随高度而变化，因而进行积分是困难的。为了方便实际应用，需要对方程作某些特定假设，比如忽略重力加速度的变化和水汽影响，并假定气温不随高度改变而发生变化，这样条件下的压高方程，称为等温大气压高方程。

2.4 气压场的时空分布
The space-time distribution of pressure field

气压的空间分布称为气压场。由于各地空气的密度并不均匀，各地气柱的质量实际上并不相同，所以气压的空间分布并不均匀。有的地方气压高，有的地方气压低，气压场呈现出各种不同的气压形势，这些不同的气压形势统称为气压系统。

2.4.1 等压线和等压面

气压的水平分布形势通常用等压线或等压面来表示。等压线是同一水平面上各气压相等点的连线。等压线按一定气压间隔（如 2.5 hPa 或 5 hPa）绘出，构成一张气压水平分布图。若绘制的是海平面的等压线，就是一张海平面气压分布图。若绘制的是 5000 m 高空的等压线，就是一张 5000 m 高空的气压水平分布图。等压线的形状和疏密程度反映水平方向上气压的分布形势。

等压面是空间中气压相等点组成的面。由于气压随高度增加递减，因而在某一等压面以上各处的气压值都小于该等压面上气压值，该等压面以下则反之。用一系列等压面的排列和分布可以表示空间气压的分布状况。

在实际大气中，由于下垫面性质的差异、水平方向上温度分布和动力条件的不均匀等因素，在同一高度上各地的气压不可能是一样的。因此，等压面并不是一个水平面，而是像地表形态一样，是一个高低起伏的曲面。等压面起伏形势与它附近水平面上的气压高低分布有对应关系。等压面下凹部位对应着水平面上的低压区域，等压面越下凹，水平面上气压低得越多。等压面向上凸起的部位对应着水平面上的高压区域，等压面越上凸，水平面上高压越强。根据这种对应关系，可求出等压面上各点的位势高度值，并用类似绘制等高线地形图的方法，将某一等压面上相对于海平面的各位势高度值投影到海平面上，就得到一张等位势高度线图表示该等压面的形势，称这种图为等压面图。

气象上等高线的高度不是以米为单位的几何高度，而是位势高度。所谓位势高度，是指单位质量的物体从海平面（位势取为零）抬升到 z 高度时，克服重力所做的功，又称重力位势，单位是位势米。在 SI 制中，1 位势米定义为 1 kg 空气上升 1 m 时，克服重力做了 9.8 J 的功，也就是获得 9.8 J/kg 的位势能。

> **拓展阅读**
>
> **位势高度与几何高度的换算关系**
>
> 位势高度与几何高度的换算关系为 $H = \dfrac{g_\varphi z}{9.8}$，式中 H 为位势高度（位势米），z 为几何高度（m），g_φ 为重力加速度（m/s²）。当 g_φ 取 9.8 m/s² 时，位势高度 H 和几何高度 z 在数值上相同，但两者物理意义完全不同，位势米是表示能量的单位，米是表示几何高度的单位。由于大气是在地球重力场中运动着的，时刻受到重力的作用，因此用位势米表示不同高度气块所具有的位势能。

气象台日常工作所分析的等压面图有 850 hPa、700 hPa、500 hPa、300 hPa、200 hPa、100 hPa 等，它们分别代表 1500 m、3000 m、5500 m、9000 m、12 000 m、16 000 m 高度附近的水平气压场。海平面气压场一般用等高面图（零高度面）来分析，必要时也用 1000 hPa 等压面图来代替。

2.4.2 气压随高度的变化

大气时刻不停地运动着，运动的形式和规模复杂多样：既有水平运动，也有垂直运动；既有规模很大的全球性运动，也有尺度很小的局地性运动。

第 2 章 大气的物理学描述

大气的运动使不同地区、不同高度间的热量和水分得以传输和交换，使不同性质的空气得以相互接近、相互作用，直接影响着天气的形成和气候的演变。

大气运动的产生和变化直接决定了大气压力的空间分布和变化。因此，研究大气运动常常从大气压力的时空分布和变化入手。一个地方的气压值经常变化，其根本原因是该地上空大气柱中空气质量的变化。这种变化直接反映出大气柱厚度与密度的改变。当气柱增厚、密度增大时，空气质量增多，气压就升高；反之，气压就减小。因此，任何地方的气压值总是随着海拔高度的增高而递减。随海拔的升高，气压并不均匀地下降，在近地面，高度每升高 100 m，气压平均降低 10 hPa，高度每升高 5 km，大气压大约降低一半。

2.4.3 气压随时间的变化

某地气压的变化，实质上是该地上空大气柱重量增加或减少的反映，而大气柱重量是其质量和重力加速度的乘积。重力加速度通常可以看作是定值，因而一地的气压变化决定于其上大气柱质量的变化。大气柱质量增大了，气压就升高；气柱质量减小了，气压就下降。大气柱质量的变化主要是由热力因子和动力因子引起的。热力因子是指温度升高或降低引起的体积膨胀或收缩、密度增大或减小以及伴随的气流辐合或辐散所造成的质量增大或减小。动力因子是指大气运动所引起的大气柱质量的变化。

空气运动的方向和速度常不一致。实际大气中空气质点水平辐合、辐散的分布比较复杂，有时下层辐合、上层辐散，有时下层辐散、上层辐合，在

大 气 圈

大多数情况下，上下层的辐散、辐合交互重叠非常复杂。因而某一地点气压的变化，要依据整个气柱中是辐合占优势还是辐散占优势来确定。

不同性质的气团，密度往往不同。如果移到某地的气团比原来气团密度大，则该地上空大气柱质量会增大，气压随之升高；反之，该地气压就会降低。例如，冬季大范围强冷空气南下，流经之地空气密度相继增大，地面气压随之明显上升；夏季时，暖湿气流北上，引起流经之处空气密度减小，地面气压下降。

当空气有垂直运动而气柱内质量没有外流时，气柱中总质量没有改变，地面气压不会发生变化。但气柱中质量的上下传输，可造成气柱中某一层次空气质量改变，从而引起气压变化。由于近地层空气垂直运动通常比较微弱，因此空气垂直运动对近地层气压变化的影响也较微小，可略而不计。实际大气中气压变化并不由单一情况决定，而往往是几种情况综合作用的结果，而且这些情况之间又是相互联系、相互制约、相互补偿的。

气压的周期性变化是指在气压随时间变化的曲线上呈现出规律的周期性波动，明显的是以日为周期和以年为周期的波动。气压年变化是以一年为周期的波动，受气温的年变化影响很大，因而也同纬度、海陆性质、海拔高度等地理因素有关。在大陆上，一年中气压最高值出现在冬季，最低值出现在夏季，气压年变化值很大，并由低纬度向高纬度逐递增。在海洋上，一年中气压最高值出现在夏季，最低值出现在冬季，年较差小于同纬度的陆地。在高山地区，一年中气压最高值出现在夏季，是空气受热，大气柱膨胀上升，质量增加所致，而最低值出现在冬季，是空气受冷，大气柱收缩下沉，质量减少的结果。

气压的非周期性变化是指气压变化不存在固定周期的波动，它是气压系统移动和演变的结果。通常在中高纬度地区气压系统活动频繁，气团属性差异大，气压非周期性变化远较低纬度明显。若以 24 h 内的气压变化量来进行比较分析，可发现高纬度地区气压变化量可达 10 hPa，而低纬度地区因气团属性比较接近，气压的非周期变化量很小，一般变化量只有 1 hPa。

一个地方的地面气压变化既包含着周期变化，又包含着非周期变化，只是在中高纬度地区气压的非周期性变化比周期性变化明显得多，因而气压变化多带有非周期性特征。在低纬度地区气压的非周期性变化比周期性变化小得多，因而气压变化的周期性比较显著。当然，在特殊情况下也会出现相反的情况。

2.4.4　气压系统的基本类型

低气压水平分布的类型，一般根据海平面图上等压线的分布特征来确定。

（1）低气压

低气压简称低压，由闭合等压线构成，中心气压低，向四周逐渐增高，空间等压面向下凹陷，形如盆地，见图 2.2。

（2）低压槽

低压槽简称槽，是低压延伸出来的狭长区域。在低压槽中，各等压线弯曲最大处的连线称槽线。气压值沿槽线向两边递增。槽附近的空间等压面类似地形中狭长的山谷，呈下凹形，见图 2.2。

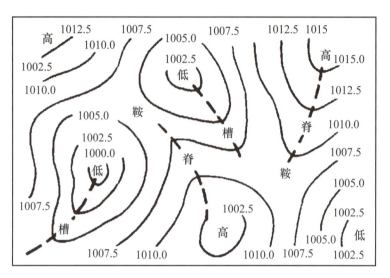

图 2.2　海平面气压分布的几种基本形式

（3）高气压

高气压简称高压，由闭合等压线构成，中心气压高，向四周逐渐降低，空间等压面类似山丘，呈上凸状，见图 2.2。

（4）高压脊

高压脊简称脊，是高压延伸出来的狭长区域。脊附近的空间等压面形如山脊。脊中各条等压线弯曲度最大处的连线称为脊线，见图 2.2。

（5）鞍形气压场

两个高压和两个低压相对而组成的中间区域，称为鞍形气压场（简称鞍），其附近的空间等压面形如马鞍，见图 2.2。

以上几种气压分布的基本形式统称为气压系统。不同的气压系统通常对应着不同的天气状况。正确分析和预报这些气压系统的移动和演变是做好天气预报的重要环节。

2.4.5 影响大气水平运动的力

大气水平运动对于大气中水分、热量的输送，以及天气、气候的形成和演变起着重要的作用。空气运动是在力的作用下产生的。作用于空气的力除重力之外，尚有由于气压分布不均而产生的气压梯度力，由于地球自转而产生的地转偏向力（也称为科里奥利力），由于空气层之间、空气与地面之间存在相对运动而产生的摩擦力，由于空气做曲线运动而产生的惯性离心力。这些力在水平分量之间的不同组合，构成了不同形式的大气水平运动。

（1）气压梯度力

气压梯度是一个向量，它垂直于等压面，由高压指向低压，数值等于两个等压面间的气压差（ΔP）除以其间的垂直距离（ΔN），用下式表达：

$$G_N = -\frac{\Delta P}{\Delta N}$$

式中，G_N 为气压梯度的值，由于 ΔN 是从高压指向低压，ΔP 为负值，故 $\frac{\Delta P}{\Delta N}$ 前加负号。经度相差 1°的纬圈长度，其值约为 111 km。观测表明，水平气压梯度值很小，一般为 1～3 hPa/赤道度，而垂直气压梯度在大气低层可达 1/10 m，即相当于水平气压梯度的 10 万倍，因而气压梯度的方向几乎与垂直气压梯度方向一致，等压面近似水平。气压梯度不仅表示气压分

大气圈

布的不均匀程度，还表示了由于气压分布不均而作用在单位体积空气上的压力。

实际大气中，由于空气密度分布的不均匀，单位体积空气块质量也是不等的。根据牛顿第二定律，在相同的外力作用下，对于密度不同的空气所产生的运动加速度是不同的，密度小的空气所产生的运动加速度比较大，密度大的空气所产生的运动加速度比较小。因此，用气压梯度难以比较各地空气运动的速度。在气象上讨论空气水平运动时，通常取单位质量的空气作为讨论对象，并把在气压梯度存在时，单位质量空气所受的力称为气压梯度力，通常用 $G_{\bar{\omega}}$ 表示，即

$$G_{\bar{\omega}} = -\frac{1}{\rho}\frac{\Delta P}{\Delta N}$$

式中，ρ 是空气密度，ΔP 是两个等压面间的气压差，ΔN 是两个等压面间的垂直距离。气压梯度力的方向由高压指向低压，其大小与气压梯度 $-\Delta P/\Delta N$ 成正比，与空气密度 ρ 成反比。

在大气中，气压梯度力垂直分量比水平分量大得多，但是重力与垂直气压梯度力 G_z 始终处于平衡状态，因而在垂直方向上一般不会造成强大的垂直加速度。而水平气压梯度力虽小，但由于没有其他实质力与它相平衡，在一定条件下也能造成较大的空气水平运动。气压梯度力是空气产生水平运动的直接原因和动力。

（2）地转偏向力

空气是在转动着的地球上运动的，当运动的空气质点依其惯性沿着水平气压梯度力方向运动时，对于站在地球表面的观察者而言，空气质点却受着

一个使其偏离气压梯度力方向的力的作用，这种因地球绕自身轴转动而产生的非惯性力称为水平地转偏向力或科里奥利力。在大尺度的空气运动中，地转偏向力是一个非常重要的力。

在北极，地平面绕其垂直轴（地轴）的角速度恰好等于地球自转的角速度 ω，转动方向也是逆时针的。因而在北极，单位质量空气受到的水平地转偏向力与空气运动方向垂直，并指向它的右方，大小等于 $2V\omega$。

在赤道，地球自转轴与地表面的垂直轴正交，表明赤道上的地面不随地球自转而旋转，因而赤道上没有水平地转偏向力。

在北半球的其他纬度上，地球自转轴与地平面垂直轴的交角小于 $90°$，因而任何一地的地平面都有绕地轴转动的角速度，见图 2.3。图上 ω 表示绕地轴转动的角速度，AC 表示 A 点地平面的垂直轴。由于 $\angle AOD = \varphi$，所以 $\angle ABC = \varphi$，ω 在地平面垂直轴方向的分量为 $\bar{\omega}_1(\omega\sin\varphi)$。根据圆盘转动速度所得的公式 $v = 2V\omega$，可以得出任何纬度上作用于单位质量运动空气上指向相对地面运动方向的右方的偏向力的大小为

$$A = 2V\omega\sin\varphi$$

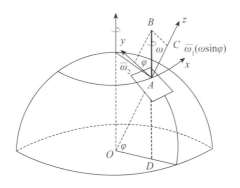

图 2.3　纬度 φ 处地平面绕其垂直轴转动的角速度

> 大气圈

在南半球，由于地平面绕地轴按顺时针方向转动，因而地转偏向力指向运动物体的左方，其大小与北半球同纬度上的地转偏向力相等。

地转偏向力只是在空气相对于地面有运动时才产生，空气处于静止状态时没有地转偏向力作用，而且地转偏向力只改变气块运动方向而不能改变其运动速度。在风速相同的情况下，它随纬度降低而减小。

（3）摩擦力

摩擦力是两个相互接触的物体做相对运动时，接触面之间所产生的一种阻碍物体运动的力。大气在运动中所受到的摩擦力一般分为内摩擦力和外摩擦力。

内摩擦力是在速度不同或方向不同的相互接触的两个空气层之间产生的一种相互牵制的力，它主要通过湍流交换作用使气流速度发生改变，也称为湍流摩擦力。其数值很小，往往不予考虑。

外摩擦力是空气贴近下垫面运动时，下垫面对空气运动的阻力。它的方向与空气运动方向相反，大小与空气运动的速度和摩擦系数成正比，其公式为

$$R = -kV$$

式中，R 为摩擦力，k 为摩擦系数，V 为空气运动速度。内摩擦力与外摩擦力的向量和称为摩擦力。摩擦力的大小在大气中的各个不同高度上是不同的，以近地面层（地面至 30～50 m）最为显著，高度愈高，作用愈弱，到 1～2 km 以上，摩擦力的影响可以忽略不计。所以，把此高度以下的大气层称为摩擦层（现主要称为行星边界层），此层以上称为自由大气层。

（4）惯性离心力

惯性离心力是物体在做曲线运动时所产生的，由运动轨迹的曲率中心沿曲率半径向外作用在物体上的力。这个力是物体为保持沿惯性方向运动而产生的，因而称为惯性离心力。惯性离心力同运动的方向相垂直，自曲率中心指向外缘，其大小同物体转动的角速度 ω 的平方和曲率半径 r 的乘积成正比。对单位质量而言，惯性离心力 $C_{\bar{\omega}}$ 的表达式为

$$C_{\bar{\omega}} = \omega^2 r$$

因为物体转动的线速度 $V_{\bar{\omega}} = \omega r$，代入公式，得

$$C_{\bar{\omega}} = \frac{V^2}{r}$$

上式表明惯性离心力 $C_{\bar{\omega}}$ 的大小与运动物体的线速度 V 的平方成正比，与曲率半径 r 成反比。

实际上，空气运动路径的曲率半径一般都很大，从几十千米到上千千米不等，因而空气运动时所受到的惯性离心力一般比较小，往往小于地转偏向力。但是在低纬度地区或空气运动速度很大而曲率半径很小时，也可以达到较大的数值，并有可能超过地转偏向力。惯性离心力和地转偏向力一样只改变物体运动的方向，不改变运动的速度。

上述 4 个力都是在水平方向上作用于空气的力，它们对空气运动的影响是不一样的。一般来说，气压梯度力是使空气产生运动的直接动力，是最基本的力。其他力是在空气开始运动后产生和起作用的，而且所起的作用视具体情况而有不同。地转偏向力对高纬度地区或大尺度的空气运动影响较大，而对低纬度地区特别是赤道附近的空气运动影响甚小。惯性离心力在空气做

大 气 圈

曲线运动时起作用,而在空气运动近于直线运动时,可以忽略不计。摩擦力在摩擦层中起作用,而对自由大气中的空气运动则不予考虑。地转偏向力、惯性离心力和摩擦力虽然不能使空气由静止状态转变为运动状态,却能影响运动的方向和速度。气压梯度力和重力既可改变空气运动状态,又可使空气由静止状态转变为运动状态。

第 3 章

地面与大气的辐射过程

大气圈

3.1 辐射的基本概念
The basic concept of radiation

辐射是具有能量的称为光量子的物质以横波形式在空间传播的一种形态，传播时所具有的能量称为辐射能。由于辐射具有波动性质，它具有特定的波长，不同波长的辐射组合在一起形成了辐射光谱。电磁辐射即电磁波，是电磁振荡在空间的传播，传播的是电磁能量。1864年，英国科学家麦克斯韦在总结前人研究电磁现象的基础上，建立了完整的电磁波理论。他断定电磁波的存在，推导出电磁波与光具有同样的传播速度。根据麦克斯韦理论，任何变化的电场周围都会产生变化的磁场，而变化的磁场又会在它周围感应出变化的电场。电场和磁场相互激发并向外传播，这就是电磁波。任何物体都可以向外辐射电磁波。电磁波的来源有自然辐射源，如太阳、地球，以及人工辐射源，如雷达、激光、燃烧的炉子、X射线发生器等。

物体在辐射时，要消耗能量。若辐射能是依赖从外界获得的能量或物体内能的消耗，这种辐射称为热辐射。根据热力学原理，任何温度高于绝对零度的物体都会发出热辐射。热辐射能量的度量是温度，理想的标准热辐射体参照源为绝对黑体。自然界不存在绝对黑体，黑色的烟煤、恒星、太阳是接近绝对黑体的辐射源。

黑体辐射是理想化的物理模型，它描述了一个理想的吸收和发射辐射的物体的行为。根据黑体辐射的规律，随着物体温度的升高，光的颜色也会出现各种变化，由红色转而变成橙红色，再到黄色、黄白、白色、蓝白的渐变过程，比如在正常照明条件下，白炽灯灯丝的温度大约为 3000 K，所以其灯光表现出来是偏红黄色，而太阳的表面温度更高，约为 5800 K，因此太阳表现为白色。随着温度的降低，物体颜色会逐渐变成橙红色，表面温度更低的物体其主要能量辐射以红外线的形式表现，如人体的辐射，这部分辐射一般情况下人的肉眼看不见。

3.1.1 热辐射基本定律

现实生活中的实际物体在吸收辐射后，还会反射和透射辐射，但是在热力学研究中，常常选择黑体作为热辐射研究的标准物体。理想黑体能够 100% 吸收所有照射到它表面的电磁波，并将这些电磁辐射转化为热辐射。其光谱特征仅与该黑体的温度有关，与黑体的材质无关。

黑体辐射具有以下 4 个特征：

（1）黑体辐射各向同性。

（2）温度恒定的黑体的辐射强度随波长连续变化，先增大后减小，存在唯一的强度峰值。

（3）不同温度黑体的辐射强度随波长的变化曲线一定不同，黑体的温度越高，辐射强度也就相应越大，黑体总辐射强度与温度的 4 次方成正比。

（4）随着温度的升高，黑体辐射的峰值逐渐向短波方向移动，最大辐射强度对应波长与黑体温度成反比。

拓展阅读

黑体辐射

德国物理学家马克斯·普朗克在量子论基础上提出了黑体辐射的公式，即普朗克方程，用于描述黑体辐射与温度、波长分布的关系：

$$B_\lambda(T) = \frac{c_1 \lambda^{-5}}{\pi \left(e^{c_2/\lambda T} - 1 \right)}$$

式中，$c_1 = 3.74 \times 10^{-16}$ W·m²，$c_2 = 1.45 \times 10^{-2}$ m·K。上述经验关系的理论证明促进了量子物理理论的发展。观测表明，黑体辐射具有各向同性的特征，这一点已得到理论证明。图3.1为不同温度的黑体辐射频谱，不难发现，随着温度的升高，黑体向外发出辐射的波段逐渐向更短的波长范围集中——这也就是下面即将推导的维恩位移定律。

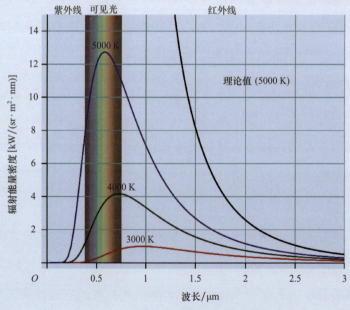

图3.1 不同温度的黑体辐射频谱

对普朗克方程求偏微分，即将其结果设置为 0，即可计算出温度为 T 时，黑体的最大辐射波长公式，即为维恩位移定律：

$$\lambda_m = b/T$$

其中，b 是维恩位移常数，数值等于 2.897×10^{-3} $(m \cdot K)$，T 是黑体温度。维恩位移定律说明黑体电磁辐射光谱辐射度的峰值波长 λ_{max} 与自身温度成反比。

对普朗克方程进行全波段积分即可计算黑体总辐射通量密度，即斯特藩-玻尔兹曼定律。该定律又称为斯特藩定律，由斯洛文尼亚物理学家约瑟夫·斯特藩和奥地利物理学家路德维希·玻尔兹曼分别于 1879 年和 1884 年各自独立提出，即绝对黑体的辐射总能量与黑体温度的四次方成正比：

$$M(T) = \sigma T^4$$

式中，σ 为斯特藩-玻尔兹曼常数，为 5.67×10^{-8} $W/(m^2 \cdot K^4)$。

3.2 大气对太阳辐射的吸收、反射和散射
The absorption, reflection, and scattering of solar radiation by the atmosphere

太阳源源不断地以电磁波的形式向宇宙空间放射能量，这种方式被称为太阳辐射（solar radiation）。当太阳辐射遇到介质时，将同时发生三种过程：

大气圈

吸收、反射和散射。就全球平均而言，50% 的入射太阳辐射能被地球表面吸收，另外 30% 被大气、云、冰雪和水等反射表面反射或散射回宇宙太空，剩下的 20% 被云和大气中的气体所吸收。这些过程共同作用，形成了地球的气候系统和能量平衡，对维持地球上的生命至关重要。

3.2.1 吸收

物体因接收辐射能而使自身分子振动加快，进而温度升高的过程就是吸收。物体吸收能量的多少取决于辐射的强度和物体的吸收能力或吸收率。地球表面可有效吸收大多数波长的太阳辐射。其中只有 20% 被大气中的各种气体所吸收，剩下的大部分被地表的陆地和海洋吸收。在可见光范围内，吸收率在很大程度上决定了物体的亮度。对所有可见光波长吸收良好的表面看上去是黑色的；较浅颜色的表面吸收率较低。这就是夏季阳光下穿浅颜色衣服感到凉快的原因。太阳辐射遇到介质，除了被吸收外，还有下面两种情况：一是辐射能量可以穿过该介质而不被吸收，如水和空气对某些特定波长的辐射无法吸收，属于对该类特定波长透明的介质，能量也可能会透过此类介质；二是有些辐射可能会被物体"弹回"，即不被吸收也不透过。

3.2.2 反射

反射是光线照射物体后按同样的角度和强度返回的过程。反射和散射最大的区别是后者产生大量较弱的光线并向不同的方向传播。在到达地球的太阳辐射能中，大约 30% 被反射回宇宙，其中包括向上的散射部分。这一部分是地球失去的能量，不会加热地球大气和地面。被物体反射的辐射占入射到该物体表面的总辐射的比例称为反照率,地球总体的行星反照率是30%。来自地球表面陆地和海洋的反射对地球总反照率的贡献只有5%,毫不奇怪,云在很大程度上对从空间看的地球的"亮度"起了重要作用。乘坐飞机往下看时,看到的云特别亮甚至刺眼,这说明了云具有高反射率。

3.2.3 散射

虽然入射的太阳辐射是以直线传播的,但大气中的微小尘埃粒子和气体分子会向不同方向散射掉其中部分能量,这一结果称为光的散射。光的散射现象解释了为什么即使在树下或室内没有直接阳光照射的地方,光线仍然能够到达;晴天时散射可以使白天的天空明亮湛蓝。像月球和水星这样没有大气层的星体在白天都只有黑暗的天空。

总的来说,太阳辐射在到达地面的过程中,大约有一半的能量通过散射的方式被消耗。这种散射不仅对地球的气候和生态系统有重要影响,也是我们能够观察到美丽天空和自然景观的关键因素之一。

3.3 太阳辐射及其在大气中的传输
Solar radiation and its transport in the atmosphere

太阳是一个巨大炽热的气体球,主要成分是氢和氦。太阳内部在高温、高压状态下,发生核聚变反应,释放出巨大的能量。太阳核心的温度可

> 大 气 圈

达 1.5×10^7 K，太阳表面温度约 5800 K。

太阳辐射中，大约只有二十二亿分之一到达地球，但对地球产生着不可估量的影响。太阳大气层由内向外分为光球层、色球层和日冕层。其中光球层肉眼可见，到达地球的太阳辐射主要来自光球层。

太阳辐射的电磁波波长范围主要在 0.15～4.0 μm，其中波长在 0.4～0.76 μm 的为可见光，太阳辐射主要集中在可见光部分，约占太阳辐射总量的 50%。因为绝大多数太阳辐射的波长短于 4.0 μm。因此，我们把太阳辐射称为短波辐射。

观测数据显示太阳辐射的强度比较稳定，一般用太阳常数来衡量。太阳常数指在日地平均距离处，与辐射方向成垂直的单位面积上，在单位时间内接受的太阳辐射量。该数值为 1380 W/m²，它是指到达大气上界水平面上的太阳辐照度。进入地球大气层后，太阳辐射被地球大气通过吸收、散射和反射等削弱，之后到达地球表面。

3.4 地球和大气的长波辐射
Long-wave radiation of the Earth and atmosphere

穿过层层大气之后，最终到达地表的太阳辐射，一部分被反射再次发送回太空中，而另一部分被地球所吸收，成功起到了加热地球的作用。地球本身，其能量来源除了太阳辐射以外，还有内部地幔、地核不断发

第3章 地面与大气的辐射过程

生的放射性衰变放热过程。事实上，地球本身也是一个热源，也会向外发出辐射，放出热量。当地球的气候维持在一个相对稳定的水平时，说明地球自身辐射的能量大致应与吸收的太阳能量相当，基本上维持着辐射能量收支平衡。

设地球表面对太阳辐射的平均反照率为 A，则地球吸收的太阳能近似为

$$(1 - A) \cdot S\pi R^2$$

式中，S 为地球公转轨道处的太阳辐射强度，单位 W/m^2，R 为地球半径。地球向外辐射的能量与之平衡，若不考虑地球大气的存在，则有

$$(1 - A) \cdot S\pi R^2 = \sigma T_s^4 \cdot 4\pi R^2$$

即

$$(1 - A) \cdot \frac{S}{4} = \sigma T_s^4$$

一般认为地表平均反照率 A 约等于 0.3，由上式可算得地表的平均温度 T 约为 254 K，而这是远低于现在实际温度的——目前全球平均温度大约为 289 K。当然因为地球不是完全黑体，直接使用黑体辐射公式会存在误差，但是这个影响是相对较小的，主要原因在于这个公式推导的前提条件是忽略地球大气。

在 25 km 以下的地球大气范围内，干洁空气对太阳辐射近于透明，但大气中的二氧化碳、水汽、臭氧及其他一些微量成分，对地球向外发出的长波辐射具有强烈的吸收作用。而吸收了这一部分辐射的大气，再以长波辐射的方式向外发射出能量，一部分能量以这种形式重新回到了地面，弥补了地面辐射的损失。这就像是给地球裹上了一层厚厚的棉被，所以这个过程也被称

大气圈

为温室效应（greenhouse effect）。因此，我们的地球就比无大气的情况要温暖得多。

第4章 大气动力学基础

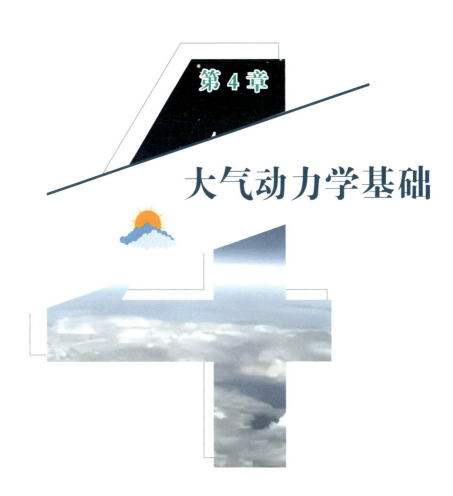

> 大 气 圈

4.1 大气运动基本方程
Basic equations of atmospheric motion

描述大气运动的方程组本质上就是流体力学方程组，方程组一共包含运动方程和连续方程两部分。其中运动方程属于牛顿运动力学方程，其核心就是 $F = ma$。而连续方程的核心为质量守恒，即对于不可压缩流体而言，单位时间内流进单位空间内的流体量一定等于流出量，而对于可压缩流体而言，流出量乘以对应压缩比即可。

4.1.1 运动方程

大气运动方程是描述作用于空气微团上的力与其所产生的加速度之间关系的方程。根据牛顿第二定律，物体所受的力等于质量和加速度的乘积，即 $F=ma$，F 为物体所受的力，是各个作用力的总和。

单位质量空气运动方程的一般形式为

$$\frac{\mathrm{d}\vec{V}}{\mathrm{d}t} = \vec{G} + \vec{A} + \vec{R} + \vec{g}$$

式中，$\vec{G}$ 为气压梯度力，$\vec{A}$ 为地转偏向力，$\vec{R}$ 为摩擦力，$\vec{g}$ 为重力。如果以 Fx、Fy、Fz 分别表示作用力在标准坐标系 X、Y、Z 三个方向（X 指向东、Y 指向北、Z 指垂直地面向上）上的投影，则

$$Fx = \frac{du}{dt}, \quad Fy = \frac{dv}{dt}, \quad Fz = \frac{dw}{dt}$$

式中 u、v、w 分别为 V 在 X、Y、Z 三个方向上的分量。

将 G、A、R、g 值代入上式，简化后的运动方程为

$$\frac{du}{dt} = -\frac{1}{\rho}\frac{\partial p}{\partial x} + 2v\omega\sin\varphi + R$$

$$\frac{dv}{dt} = -\frac{1}{\rho}\frac{\partial p}{\partial y} - 2u\omega\sin\varphi + R$$

$$\frac{dw}{dt} = -\frac{1}{\rho}\frac{\partial p}{\partial z} - g + R$$

在空气做大规模水平运动中，大气近似于静力平衡，因而上式中的垂直运动项可以略去。在自由大气中，R 也可略去。上式可写成

$$\frac{du}{dt} = -\frac{1}{\rho}\frac{\partial p}{\partial x} + 2v\omega\sin\varphi$$

$$\frac{dv}{dt} = -\frac{1}{\rho}\frac{\partial p}{\partial y} - 2u\omega\sin\varphi$$

$$\frac{dw}{dt} = -\frac{1}{\rho}\frac{\partial p}{\partial z} - g$$

这是研究自由大气运动时被广泛应用的运动方程式。方程中第三式是静力平衡方程。

4.1.2 连续方程

连续方程是关于空气质量或密度守恒性的方程。质量或密度是标量，其守恒表达式与坐标系是否有加速度无关，因此旋转坐标系中的连续方程和经典流体力学中的表达式是一样的。

大 气 圈

连续方程的矢量形式为

$$\frac{\partial \rho}{dt} + \nabla \cdot \rho V = 0$$

连续方程的标量形式为

$$\frac{d\rho}{dt} + \rho\left(\frac{\partial u}{\partial x} + \frac{\partial v}{\partial y} + \frac{\partial w}{\partial z}\right) = 0$$

即

$$\frac{1}{\rho} \cdot \frac{d\rho}{dt} + \nabla \cdot V = 0$$

以上式子是连续方程的两种表达形式,式中的 $\nabla \cdot \rho V$ 称为质量散度,$\nabla \cdot V$ 称为速度散度。当 $\nabla \cdot V > 0$ 时,称为辐散;$\nabla \cdot V < 0$ 时称为辐合。

4.2 大气中的平衡运动
An equilibrium motion in the atmosphere

4.2.1 地转风

在行星边界层(摩擦层)以上的自由大气中,空气在水平方向上做直线运动时,惯性离心力和摩擦力可以忽略不计,主要的作用力是水平气压梯度力和水平地转偏向力。这两个力平衡时所形成的风,称为地转风。

地转风的风向垂直于气压梯度力，即平行于等压线。在北半球，背风而立，高压在右，低压在左；在南半球则相反。风向同等压线的这一关系，称为白贝罗风压定律。地转风风速与气压梯度成正比，与空气密度及纬度的正弦成反比。在实际工作中，通常用等压面图来分析空中风的情况。等压面图上分析的是等高线而不是等压线，则地转风风速与位势梯度成正比，与纬度的正弦成反比。当纬度一定时，地转风风速与位势梯度成正比。

地转风虽然可以反映大气中风的主要特征，但并不是在任何场合都可以用地转风来代替实际风。在纬度低于30°的地区，地转偏向力很小，不可能同气压梯度力平衡，因而地转风同实际风的差别很大。在纬度高于30°的地区，地转风同实际风仍有一定的差别，这是因为在确定地转风时，没有考虑空气在运动时还受到摩擦力和惯性离心力作用，并且实际运动空气所受的力并不总是达到平衡。但是，在高于1000 m、等压线（等高线）曲率不大的情况下，由于摩擦力和惯性离心力极小，地转风和实际风非常相近，因而可以用地转风来近似代替实际风。

4.2.2 梯度风

当自由大气中的空气做水平曲线运动时，作用于空气质点的力，除了水平气压梯度力和水平地转偏向力外，还有惯性离心力。这三个力达到平衡时的风，称为梯度风。

假设等压线为一组同心圆，在低压中，气压梯度力的方向指向中心，惯性离心力的方向则自中心指向外缘，地转偏向力的方向与气压梯度力相反，大小正好等于气压梯度力与惯性离心力之差。由此可见，在北半球，低压中的梯度风是沿着等压线按逆时针方向吹的；南半球的情况则相反。

在高压中，气压梯度力的方向自中心指向外缘，与惯性离心力的方向相同。当要求三个力达到平衡时，地转偏向力必定是自外缘指向中心，其大小等于前两个力之和。由此可见，在北半球，高压中的梯度风是沿着等压线按顺时针方向吹的；南半球的情况则相反。

综合上述两种情况可知，梯度风的方向仍然遵守风压定律，即在北半球，背梯度风而立，高压在右，低压在左；在南半球则相反。

梯度风的风速，不但要受到气压梯度力和纬度的影响，而且还要受到空气运动路径的曲率半径的影响，因此，即使是在气压梯度力和纬度相同的情况下，梯度风风速与地转风风速也是不等的。出现地转风时，地转偏向力与气压梯度力的大小相等。因此，当气压梯度力和纬度相同时，在低压中，由于地转偏向力小于气压梯度力，故梯度风风速小于相应的地转风风速；在高压中，由于地转偏向力大于气压梯度力，故梯度风风速大于相应的地转风风速。但在实际大气中，由于低压中的气压梯度力往往大于高压中的气压梯度力，因此，平均说来，低压中的风速常常大一些。

4.2.3 热成风

不同高度上的风向、风速通常是不同的，风是随着高度变化而变化的。自由大气中，风随高度变化与温度的水平分布密切相关。由于水平温度梯度的存在，气压梯度力随高度发生变化，使得风也相应地随高度发生变化。这种由于水平温度梯度而引起的上下层风的向量差，称为热成风。

4.3 自由大气中风随高度的变化
A stroke in the free atmosphere varies with altitude

在平衡条件下,自由大气中风随高度变化主要与气层中的温度场有关,并因气层的水平温度分布与下层气压分布的配置不同,可分为不同类型:

① 气层等温线与下层等压线平行,气层暖区对应下层高压区,冷区对应下层低压区。由于气层水平温度梯度与下层气压梯度方向一致,随着高度的增加,风向不变,风速逐渐增大。

② 气层等温线与下层等压线平行,气层暖区对应下层低压区,冷区对应下层高压区。由于气层水平温度梯度与下层气压梯度方向相反,随着高度的增加,起初风向不变,风速逐渐减小,到某一高度后,风速减小到零,再往上,风向将反转,风速随高度的增加而增大。

③ 气层等温线与下层等压线垂直,下层空气由暖区流向冷区,即有暖平流时,随着高度的增加,风向做顺时针偏转,风速不断增大。

④ 气层等温线与下层等压线垂直,下层空气由冷区流向暖区,即有冷平流时,随着高度的增加,风向做逆时针偏转,风速不断增大。

在实际大气中,各气层的温度分布不尽相同,下层气压场的情况也各有差异,因而自由大气中风随高度变化是多种多样的。不过在北半球中纬度附近的对流层中,南面是暖区,北面是冷区,因而实际风的西风成分随高度的增加而增大,并常常在对流层上部出现很强的西风。

4.4 行星边界层中的风
Wind in the planetary boundary layer

在行星边界层中,大气直接受地球表面的影响,其运动特点与自由大气有显著不同。在自由大气中,摩擦力或黏性的影响可以忽略不计,作用于空气的力主要是气压梯度力和地转偏向力,而在大气边界层中,必须考虑摩擦力或黏性对大气运动的影响。由前面已经知道,摩擦力包括地面与大气间的外摩擦力和空气层间的内摩擦力,由于行星边界层大气具有明显的湍流性质,引起摩擦的原因包括分子黏滑性和黏性,而后者的作用通常远大于前者。

行星边界层大气中的运动能将大气的动量、热量、水汽和质量(包括污染物)不断地从地表向上输送,因此这一层在大气与下垫面的相互作用和影响中,以及污染物的扩散输送中起着重要作用。

在自由大气中,摩擦力是可以忽略不计的,但在摩擦层中,摩擦力对空气的运动有重要的影响。

4.4.1 摩擦力对空气水平运动的影响

在平直等压线的气压场中,作用于空气水平方向上的力有:气压梯度力、地转偏向力、摩擦力。由于摩擦力的方向与风向相反,对空气水平运动有阻碍作用,实际风速比该气压场相应的地转风风速要小。同时,因为地转偏向力不再单独与气压梯度力平衡，而是它和地面摩擦力的合力与水平气压梯度力平衡，所以风斜穿等压线由高压吹向低压。

受摩擦力影响的地面风的风向与水平气压场的关系是：在北半球，背风而立，高压在右后方，低压在左前方。风向与等压线的交角与地表性质、湍流交换强度、风速、纬度等因素有关。据统计，在中纬度地区，陆地上的地面风风速（10～12 m高度上的风速）为该气压场所对应的地转风风速的35%～45%，在海上为60%～70%；风向与等压线的交角，在陆地上为25°～35°，在海洋上为10°～20°。

上面的结论对于弯曲等压线的气压场同样适用。考虑了摩擦力的影响后，在北半球摩擦层中，低压中的空气按逆时针方向向低压中心辐合，高压中的空气按顺时针方向向外辐散。

4.4.2　摩擦层中风随高度的变化

在摩擦层中，由于运动着的空气所受到的摩擦力随高度增加而减小，所以，在气压梯度力不随高度变化的情况下，离开地面越远，风速越大，风与等压线的交角越小。如果把北半球摩擦层中不同高度上风的向量投影到同一水平面上，我们就可以得到北半球摩擦层中风随高度变化的一般规律：当气压梯度力不随高度变化时，随着高度的升高，风速逐渐增大，风向向右偏转；到摩擦层顶部时，由于摩擦力小到可以忽略不计，风速接近于与气压场相应的地转风风速值，风向也基本上平行于等压线。

大 气 圈

4.5 局地环流风
Local circulation wind

局地环流风是中尺度环流的典型例子（生命期为几分钟至几小时，水平尺度 1～100 km）。绝大多数风的成因是相同的：地表不均匀加热的温差引起的气压差。大部分局地风是地形变化或地表状况差异导致的温差和气压差形成的。风向的定义是风的来向，这种定义也适用于局地风。因此，海风来自海洋，由海洋吹向陆地；谷风则表示风由山谷吹向山坡。

4.5.1 海陆风

海洋与相邻陆地的温度日较差导致气压差，从而形成海风。白天，陆地表面升温大于邻近的海洋表面，陆地上的空气受热膨胀，高层形成高压区，空气由陆地向海洋流动；高层大气的质量输送使得近地层形成低压区，海洋表面上的空气向陆地低压区流动而形成海风；反之，夜晚陆地表面降温比海洋表面快，因此形成陆风，空气从陆地向海洋流动。

产生海陆风的根本原因是海洋表面和陆地表面空气受热不均。假定原来等压面是水平的，即假设风完全是由海陆温差引起的。白天，陆地上空气增温迅速，海洋表面上气温变化小，因而陆地上空气受热膨胀向上空输送的质量较海洋表面上的多，致使某高度以上，陆地上空的气压比海洋表面上空同一高度的气压要高一些，于是陆地上空的空气在气压梯度力的作用下流向海洋。这样又造成海面上空空气质量增加，海洋上低层气压增高，出现了自海面指向陆地的气压梯度。在它的作用下，低层空气从海面流向陆地，故白天低层吹海风。夜间，情况变得完全相反，陆地上空气很快冷却，结果上空出现自海洋指向陆地的气压梯度，低层则出现相反方向的气压梯度。在这种情况下，大气环流的方向变得与白天相反，故夜间低层吹陆风。

海风对沿海地区具有显著的温度调节作用。海风形成后，沿岸陆地气温能降低 5～10°C。但是海风的降温效应在热带地区只能影响距海岸 100 km 以内的区域，在中纬度地区其影响距离不到热带地区的一半。在较大湖泊的沿岸，也可以产生与海陆风相似的湖陆风。位于五大湖附近的芝加哥等美国城市，夏季因受湖陆风的影响，天气比内陆地区更凉爽。在很多地区，海风也会影响云量和降水量。例如，美国佛罗里达半岛夏季降水增加，部分是由于大西洋和墨西哥湾吹来的海风产生的辐合上升运动。

一般，海风比陆风强度大。海风风速可达 5～6 m/s，陆风一般只有 1～2 m/s。海风向陆地伸展的水平范围，在中纬度地区为 15～50 km，在低纬度地区为 50～100 km。其厚度在中纬度地区为数百米，在低纬度地区可达 1～2 km。陆风伸展的水平范围和厚度都比海风要小些。海陆风的强度和范围随地理位置、季节而变化。热带地区全年都持续有强太阳辐射加热，所以其海陆风比中纬度地区更频繁、强度更大。大多数强海风形成于毗邻冷洋流的热带沿岸地区。在中纬度地区，最暖的月份海风发展得最好，但由于夜间陆地表面气温并不总是低于海洋表面气温，因此有时不会出现陆风。

低纬度地区全年均可见到海陆风；中纬度地区海陆风较弱，且多在夏季才出现；高纬度地区则只在夏季无云的日子里才偶尔见到弱的海陆风。我国沿海地区，海陆风在夏半年盛行，冬半年较少。海陆风的转换时间，随地区

大气圈

和天气情况而定。通常海风开始于9—11时，以13—15时最强，17—20时逐渐减弱并转为陆风。若是阴天，海风要到中午才出现。海风将潮湿空气带向陆地，使陆地上温度降低，湿度增加，在沿岸地区由于气流会有上升趋势，有时可以形成积云、层积云等，甚至出现阴雨天气。

4.5.2 山谷风

在山区，风也会发生类似于海陆风的日变化。白天，山坡上的空气受热升温大于相同高度山谷上空的空气，暖空气沿山坡爬升，形成谷风。温暖夏季的白天，谷风往往在山顶附近形成积云并可能在午后产生雷阵雨。

日落后情况则正好相反，山坡上的空气降温后向山谷流动而形成山风。山风和谷风合称为山谷风。类似的现象也发生在有一定坡度的丘陵地区，这时会在谷底有冷空气堆积。与其他类型的风类似，山谷风也有季节性。昼间，山坡接受太阳光热后，成为一只"加热炉"，使坡地上的空气增温较多；而山谷上空同一高度上的空气，因离地较远，增温较少。于是山坡上的暖空气不断上升，并从山坡上空流向谷底上空，谷底的空气则沿山坡向山顶补充，这样，下层风由谷底吹向山坡，形成谷风。到了夜间，山坡上的空气受山坡辐射冷却影响，"加热炉"变成了"冷却器"，空气降温较多，而谷底上空，同高度的空气因离地面较远，降温较少。于是山坡上的冷而重的空气顺山坡流入谷地，形成山风。谷风在太阳辐射最强的暖季最常见，而山风在寒冷季节更为频繁。谷风的平均速度为 2.4 m/s，有时可达 7～10 m/s。山风比谷风小一些。谷风的厚度，在谷底以上一般可达 500～1000 m，山风的厚度通常只有 300 m。

第 5 章

大气热力学基础

大气圈

大气中一切运动均是由冷、热分布不均造成的，因此，大气中的热力过程是大气动力过程的基础。大气中的基本热力过程有：

① 包括太阳短波辐射、地球-大气系统长波辐射与温室效应的加热过程；

② 由于水在大气中发生相变而产生的潜热过程；

③ 由大气的下垫面（洋面与陆地表面）向大气输送热量的过程。

5.1 热力学定律在大气中的应用
The use of law of thermodynamics in the atmosphere

历史上无数次试图制造永动机的失败，以及自然现象之间存在普遍联系的无数事实，使我们相信能量守恒定律是一个最普遍的自然规律。根据这一定律，能量既不能凭空产生，也不会凭空消失，而只能由一种形式转化成另一种形式，如由机械能转化成热能，由热能转化成化学能等。

能量守恒定律应用在热力学系统中时，就表现为热力学第一定律。热力学第一定律指出：对某一热力学系统输入的热能应该等于该系统内能的变化与该系统所做功的和，即

$$Q = \Delta U + W$$

式中，Q 为对单位质量热力学系统所输入的热能，ΔU 为单位质量热力学系统的内能变化，W 是单位质量热力学系统所做的功。

在大气中，实际膨胀过程是由于系统与外界发生了力的不平衡，如外界

减压，此时系统内的压强大于外界的压强，从而使系统膨胀；而在系统膨胀的同时，系统内部也会出现力的不平衡，这就是说，系统在实际膨胀过程中并不处于平衡态，因而不能利用状态参量来描述，这将引起功的计算复杂化。为简单起见，引进一个理想过程，使系统在膨胀或压缩过程中的每一步都处于平衡态，于是，可以利用状态参量描述系统，系统所做的功也就可以根据状态参量的变化来计算。当然，一切实际过程都不会是这种理想过程，系统内部一旦出现力的不平衡，那么即使系统与外界达成力的平衡，系统也必须经过一定时间之后才能达到新的平衡，更何况系统与外界之间也存在着力的不平衡状态。但是，我们可以假设过程进行得非常缓慢，以致过程进行的每一时刻，系统都可被看作处于平衡态，膨胀或压缩过程就是这个无限缓慢过程的总和。于是就有：任何空气的体积增加量为 ΔV 时，其做功应为

$$W = p \cdot \Delta V$$

式中，p 是气压。若只考虑单位质量气体所占有的体积即比容 Δv，则其做功应为

$$W = p \cdot \Delta v$$

英国物理学家焦耳（J. P. Joule）发现气体的内能与气体温度有关，即

$$\Delta U = C_v \cdot \Delta T$$

式中，C_v 为定容比热。根据上面3个公式，大气中热力学第一定律可以写成

$$Q = C_v \cdot \Delta T + p \cdot \Delta v$$

根据大气状态方程，又可以将上述热力学第一定律改写成

$$Q = C_p \cdot \Delta T - v \cdot \Delta P$$

式中 Q 是大气的热源，它包括辐射加热、地球表面输送的感热和大气中因水汽凝结而释放的潜热；C_p 是等压条件下的比热。这是大气运动必须遵循的热

力学规律，说明了外部对大气所加的热量会引起大气温度和压力的变化。因此，大气受热时，若气压保持不变，则温度要上升；若温度保持不变，则气压要降低。在气象上，气压的变化比体积的变化更容易测量，因而上式的应用最广。

最后，有一点需加以说明：无论对干空气，还是对湿空气，其状态方程的形式都是一样的，故干、湿大气中热力学第一定律的形式也是一样的，只是 C_v 和 C_p 的数值不同而已。

若定义上式左边 $Q = 0$，即大气中某气块在运动中其气压、体积或温度改变，却无热量从该气块进出，则称此过程为大气的绝热过程。也就是说，当大气中气块在上升或下沉过程中既不把自身热量传给周围大气，又不从周围大气吸收热量，则认为此气块在运动时是绝热的。

大气中的绝热过程对于研究大气运动具有重要意义：若所考察的大气运动时间比较短，来不及与周围交换热量，就可以将这时的大气运动看作绝热运动。

5.1.1 可逆干绝热过程

假若上述气块中不含水汽，且气块中气压、体积或温度改变，却无热量从此气块进出，则称此过程为干绝热过程。

根据 $v \cdot \Delta p = - g \cdot \Delta z$，可得

$$Q = C_p \cdot \Delta T + g \cdot \Delta z$$

由于绝热过程 $Q = 0$，这样上式变为

$$- \frac{\Delta T}{\Delta z} = \frac{g}{C_p} = \gamma_d$$

式中，γ_d 是干绝热减温率，一般为 $-9.76°C/km$。上式说明了在干空气的气块绝热上升时，因周围气压降低，空气膨胀，这就需要内能迫使气块温度下降，降温率为每上升 1 km 降温约 9.8°C；相反，若此气块绝热下降，气块温度就会上升，每下降 1 km 约升温 9.8°C。因此，在寒潮来临之前，气流绝热下降，气温反而短时间上升。

5.1.2 可逆湿绝热过程

若上述所研究气块含有水汽，此气块中气压、体积或温度改变，却无热量从此气块进出，则称此过程为湿绝热过程。湿绝热过程比干绝热过程复杂得多，因为湿空气绝热上升，迫使气块温度下降，这样会造成水汽达到饱和而凝结，并放出潜热，所放出的潜热又使气块温度上升。因此，湿绝热减温率要比干绝热减温率小。湿绝热减温率一般在大气下层为 $-4.0°C/km$ 左右；在对流层中层为 $-6.0 \sim -7.0°C/km$；在对流层上层，因水汽很少，与干绝热减温率几乎相同。就全球的对流层平均而言，湿绝热减温率大约为 $-6.5°C/km$。

5.1.3 不可逆假绝热过程

在湿绝热过程的上升阶段，凝结物一旦形成便全部脱离气块的过程称为假绝热过程。这一过程虽然相变潜热仍然留在气块内，但由于在下降过程中气块无法继续蒸发液态水，只能按干绝热过程回落。不可逆假绝热过程中，凝结物全部变为降水落到地面，使下降时气块按干绝热过程增温。

大气圈

因为全过程不可逆,因此假绝热过程也被称为不可逆假绝热过程。

不可逆假绝热过程主要特征如下:

① 湿空气块饱和前沿干绝热线上升,饱和后沿湿绝热线上升,当水汽凝结物全部降落后,空气沿干绝热线下沉。假绝热过程不可逆。

② 凝结物脱离气块,与外界发生了热量交换,严格来说为非绝热过程。

不可逆假绝热过程最典型的案例是焚风效应(图 5.1)。

图 5.1 焚风效应

高大的地形,如山脉会成为空气流动的屏障。山地抬升是造成迎风坡降水和背风坡雨影干旱区的一个重要原因。暖湿空气翻越一座海拔约 3 km 的山脉,假设在山麓地带,初始温度为 30°C,露点温度为 22°C,当不饱和空气沿着山脉的迎风一侧爬升时,以 10°C/km 的干绝热率开始冷却降温,露点温度以 2°C/km 的递减率下降,直到 1 km 高度时,气温和露点温度均达到 20°C,二者相等。因为在 1 km 处达到露点温度,我们可以说这一高度就是抬升凝结层高度和云底高度。之后,空气继续在迎风坡爬升,在凝结高度以上就会以 5°C/km 的湿绝热率开始冷却降温，上升空气中的水汽不断凝结而形成越来越多的云滴。结果，山脉的迎风面区域内就会有大量的降水。到达山顶的时候，高度上升了 2 km，按照 5°C/km 的湿绝热率计算，气块温度下降至 10°C，此时露点温度下降至 16°C，到达山顶时，水汽并未全部凝结。越过山顶后开始沿着背风坡下沉，此时空气的体积开始减小，绝热压缩导致温度开始增加，饱和水汽压开始增加，相对湿度从 100% 开始下降，因此，随着气块的下沉，干绝热过程开始。空气在下降过程中被压缩并按干绝热率增温，即以 10°C/km 的递减率增加，当空气到达背风坡山麓时，高度下降了 3 km，温度上升 30°C，最终其温度上升到 40°C，比在迎风坡山麓时高出 10°C。在背风坡下沉的过程中，气块的露点温度以 2°C/km 的递增率增加，下降 3 km 后最终在背风坡山麓增加到 22°C。迎风坡山麓地带，温度和露点温度差为 8°C，而在背风坡山麓地带增加至 18°C，二者差值增加，意味着气块变热。因此在背风坡的山麓地带，通常气块的温度升高，湿度下降，所以气块变为暖而干燥的空气，背风坡的空气运动也被称为"焚风"。

5.2 热力学图解
Diagram of thermodynamics

在研究实际大气运动时，由于它接近绝热运动，因此，可以应用一个称为位温的物理量来研究它。位温是指气块从原有的压强和温度出发，绝热膨胀或压缩到标准压强 p_0（1000 hPa）时所具有的温度。

若大气中气块在绝热变化时，即 $Q = C_p \cdot \Delta T + g \cdot \Delta z$ 式中 $Q = 0$，可得到

$$\Delta(C_p \cdot T + g \cdot z) = 0$$

一般在气象学中 $g \cdot z = \varphi$，φ 称为重力位势。上式说明当没有外部加热，气块以绝热方式变化时，就有 $C_p \cdot T + \varphi$ 不变，这说明气块以绝热方式变化时，其 $C_p \cdot T + \varphi$ 守恒，若对上式进行适当推导，就有

$$\frac{d}{dt} T = 0$$

这样，我们定义位温 θ 为

$$\theta = T \left(\frac{p_0}{p} \right)^{\frac{R}{c_p}}$$

式中，$\frac{R}{c_p} = 0.286$，p_0 为海平面气压。上式说明了大气中气块在运动时，若在运动的过程中处于绝热变化，则它的位温保持不变。这就是说，大气中某一气块作绝热运动时，它的位温在运动过程中是守恒量。因此，位温在研究大气运动时是一个非常有用的物理参数。

上式可以用图解的方式很方便地求解。如果把压强按特殊标度描绘在坐标轴上，使得无论是干空气还是湿空气，坐标轴上离原点的距离正比于 $p^{0.286}$，并且以温度值（以 K 为单位）为横坐标，则上式可写为

$$p^{0.286} = \left(\frac{p_0^{0.286}}{\theta} \right) T$$

对任一 θ 常数值，令 $y = p^{0.286}$，$x = T$，则比例常数为 $p_0^{0.286}/\theta$。那么每个 θ 值在图上都对应一条干绝热线，每条干绝热线是一条通过点（$p = 0$, $T = 0$）且具有特定斜率的直线。如果压强坐标的标尺是倒置的，即 p 值向下增大，

那么就可得到如图 5.2 中所示的一组关系曲线。这组曲线是气象计算中经常使用的假绝热图的基础。气象学研究中最常用的图区是图 5.2 中点线以内所示的部分，因此一般假绝热图仅印出这一部分。

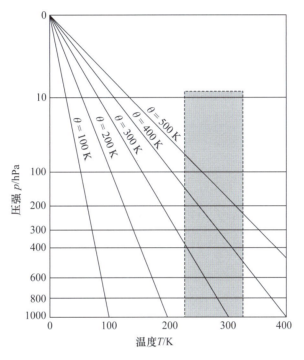

图 5.2 假绝热图

在假绝热图中，等温线是垂直的，而干绝热线（等 θ 值）相对于等温线成锐角（图 5.2）。由于大气中温度随高度变化一般在等温和干绝热之间，所以，当绘在假绝热图上时，大多数温度探空曲线都集中在一个比较狭窄的角度范围内。这一局限性在所谓的 $\ln T - \ln p$ 图中加以克服。

在 $\ln T - \ln p$ 图中，纵轴为 $-\ln p$（负号是为了确保较低气压层位于较高气压层之上），而横轴为 $\ln T$，则横坐标与纵坐标之间的关系为

$$y = \frac{x - T}{\text{const.}}$$

而等温过程 T 为常数，所以对于等温过程，y 与 x 之间的关系具有 $y = mx + c$ 的形式，其中 m 是一个对所有等温过程都相同的常数，而 c 则是一个对每个等温过程不同的常数。因此，在 $\ln T - \ln p$ 图上，等温线为从左到右倾斜向上的平行直线。如图 5.3 中的草图所示，x 轴上尺度的选取主要考虑了要使等温线与等压线之间的夹角大约为 45°。

由 $p^{0.286} = \left(\dfrac{p_0^{0.286}}{\theta}\right) T$ 可知，干绝热方程为

$$-\ln p = \text{const.1} \times \ln T + \text{const.2}$$

于是，在一个以 $-\ln p$ 和 $\ln T$ 为坐标的图上，干绝热线为直线。因为 $-\ln p$ 为 $\ln T - \ln p$ 图上的纵坐标，但横坐标不是 $\ln T$，所以在此图上，干绝热线是一组起始于图的右下方、终止于图的左上方的稍弯曲的线。在 $\ln T - \ln p$ 图上，等温线和干绝热线之间的夹角近似为 90°（图 5.3）。因此，当大气温度探测值绘于此图上时，斜率之间小的差异看起来比在假绝热图上更为明显。

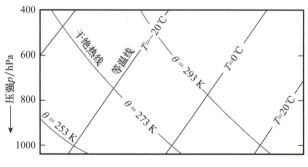

图 5.3　部分 $\ln T - \ln p$ 草图

第 5 章 大气热力学基础

假如某一个气块,在一开始的时候温度是 30°C,进入干绝热过程,每抬升 1 km,温度下降约 10°C,如图上红色线所示。然后开始进入湿绝热过程,每抬升 1 km,温度下降约 5°C。气块的抬升过程中,随着环境气压的下降,露点温度也以一定速率下降(图 5.4),称为露点递减率,即高度上升 1 km,温度下降约 1.8°C。露点温度的变化情况如图 5.4 中绿色箭头所示。因此,在明确了温度、露点温度和相对湿度的时候,就能推导出云底的高度。通过上面的例子,不难发现,高度每抬升 1 km,气温和露点温度之间的差距缩小 8°C,当二者相等之时,即为云底。因此,明确了温度、露点温度和相对湿度,就能推导出云底的高度。

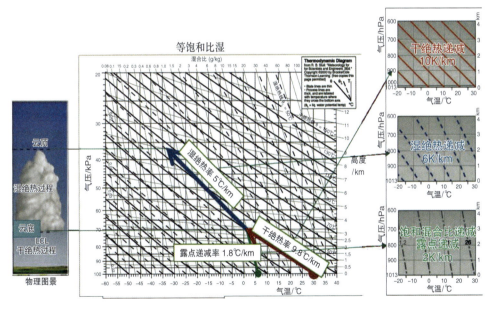

图 5.4　热力学示例

5.3 等压过程及绝热混合过程
Isobaric process and adiabatic mixing process

如果在压强不变的情况下把物质加热使其比容由 v_1 增大到 v_2，则单位质量物质所做的功为 $p(v_2 - v_1)$。因此，在定压下加给单位质量物质的热量 ΔQ 由下式给出：

$$\Delta Q = (u_2 - u_1) + p(v_2 - v_1) = (u_2 + pv_2) - (u_1 + pv_1)$$

式中，u_1 和 u_2 分别是单位质量物质的初态和终态内能。所以，在等压过程中，

$$\Delta Q = H_2 - H_1$$

式中，H 是单位质量物质的焓，它定义为

$$H \equiv u + pv$$

由于 u、p 和 v 都是状态函数，所以 H 也是状态函数。对上式微分，得到

$$dH \equiv du + d(pv)$$

而定容比热 C_v 和温度之间的关系为

$$C_v = \frac{du}{dT}$$

得到

$$dQ = dH - vdp$$

它是热力学第一定律的另一种形式。在 5.1 节中提到热力学第一定律的一种形式：

第 5 章 大气热力学基础

$$\Delta Q = C_p \Delta T - v \Delta p$$

将两个公式进行比较发现

$$dH = C_p dT$$

或用积分形式,可写为

$$H = C_p T$$

这里,当 $T = 0$ 时,H 取为 0。H 相当于在等压情况下,把物质的温度从 0°C 升高到 T 时所需要加的热量。当一个静止且处于流体静力学平衡的空气层被加热(如通过辐射传输)时,上面空气的重量对它施加的向下的压强是不变的。因此,此加热过程是在等压状态下进行的。加到空气上的能量是以焓(或者大气科学家通常所说的感热)增加的形式实现的,并有

$$dQ = dH = C_p dT$$

气层内的空气受热后要膨胀,因而通过反抗地球引力,抬升上面的空气时做功。在通过加热给予单位质量空气的能量中,$dU = C_v dT$ 用于内能的增加,$pdv = RdT$ 用于膨胀和对上面空气做功。因为地球大气主要由双原子气体氮气和氧气组成,因此,由加热 dQ 引起的能量增加按 5∶2 的比例在内能增加(dU)和膨胀做功(pdv)之间分配。

对于运动中的气块,其气压随着它相对于周围空气的上升或下沉运动而改变,它们之间的关系式可表达如下:

$$dQ - d(H + \varphi) = d(C_p T + \varphi)$$

因此,如果在流体静力平衡大气中运动着的空气,既不获得也不失去热量(即 $dQ = 0$),则 $H + \varphi$ 为为常数。

> 大气圈

5.4 大气静力稳定度
Atmospheric static stability

大气与地球上任何物体一样，要受地球的吸引力，即重力的作用。因此，近地面空气的密度比高空大气的密度大，气压也高。在单位面积气柱内，因重力作用所产生的向下的力与垂直向上的气压梯度力相平衡时，称大气处于静力平衡，即

$$\Delta p = -\rho g \Delta z$$

式中，g 是重力加速度，为 9.81 m/s^2，ρ 是大气密度，z 是高度，p 是气压。通常大气是处于静力平衡的，因此，根据高度就可大概知道气压。如在登山时，从气压计获取的数值可换算出山的海拔高度。

但是，在积云中由于垂直速度很大，云的运动并不是处于静力平衡的。

由于大气具有层结，如果某气块被抬升到某高度 A，它的温度随着抬升而下降，较冷的气块的密度要比周围空气密度大，因此，气块要下沉，有回到它原来高度的倾向，但气块一下移，其温度将上升。若此气块在抬升过程中与周围空气没有进行热交换，即绝热过程，并且该气块压力与周围空气压力相同，那么，作用于此气块的力是重力与气块所排除周围空气的重力之差，即

$$y = \frac{d^2 z}{dt^2} = g(\bar{\rho} - \rho_A)/\rho_A$$

上式说明了若气块的密度 ρ_A 比周围空气的密度 ρ 小，则气块向上加速；

相反，则此气块就会向下加速，返回原来位置。利用状态方程，则上式变换如下：

$$\frac{d^2z}{dt^2} \approx g(T_A - \bar{T})/\bar{T}$$

若在干绝热情况下，则会有

$$\frac{d^2z}{dt^2} \approx -g(r_d - r)/T_0$$

上式具有振动解，其频率为

$$N = [g(\gamma_d - \gamma)/T_0]^{\frac{1}{2}}$$

N 称为在 z 坐标中的静力稳定度，通常称 N 为伯朗特－维赛拉频率，它是大气科学中一个重要的物理量。因此，当 $\gamma_d - \gamma < 0$ 时，大气具有不稳定层结；反之，大气具有稳定层结。

若用位温来表示静力稳定度，则可得

$$N = \left(g\frac{\delta \ln\theta}{\delta z}\right)^{\frac{1}{2}}$$

这就是说，若位温随高度增加而升高，则此大气层结是稳定的；否则，大气层结处于不稳定状态，空气会上下翻转，最后变成稳定层。

这里必须指出，静力平衡是指大气在垂直方向上力的平衡，而静力稳定是就大气层结而言的。虽然这两者均可以引起垂直运动，但前者是动力性的，后者是热力性的。

大气静力稳定度是在静止大气中，气块受到垂直方向上的扰动后，大气层结使气块具有返回或远离平衡位置的趋势和程度。如果气块返回平衡位置，说明大气层结是稳定的；如果气块远离平衡位置，说明大气层结是不稳定的；如果气块不返回也不远离，说明大气层结为中性。

> 大气圈

5.5 气层的不稳定能量
The unstable energy of the atmosphere

气团在不稳定气层里作垂直运动时，其垂直速度会不断增大，也就是气团运动的动能不断增加，气团增加的这部分动能是由不稳定大气中所储藏的部分能量转换来的。在不稳定气层中的空气团一旦离开原来的位置而向上运动时，气团的温度将高于周围环境的温度，浮力大于重力。向下运动时，情况相反，重力大于浮力。这两种情况下，气团会发生向上或向下的加速运动，该气团的动能增加。显然，这是由储藏在大气中的不稳定能量转化而来的，不稳定能量就是气层中可使单位质量气团离开初始位置作加速运动的能量。通常用气团由该气层最底部移动至最顶部受到的净举力（浮力与重力之差）所做的功来测定。

概括地讲，气层的稳定性是由大气层不同高度的温度决定的。当接近气柱底部的空气温度显著高于其上部的空气温度时，气层被认为是不稳定的。相反，当温度随高度升高逐渐降低时则气层被认为是稳定的。大多数稳定条件出现在逆温时，因为这时温度随高度增加而上升，很少有空气的垂直运动。气层从初始位置抬升到使其达到平衡高度时气团所增加的净动能，称为气层的不稳定能量。

5.6 气层整层升降对稳定度的影响
The influence of the whole layer fluctuation on the stability

稳定度是空气的一种特性，表示空气是倾向于停留在原来的位置还是发生升降，也就是稳定或不稳定。为什么云的范围会存在这么大的变化？为什么由此造成的降水变化也这么大？答案都与大气的稳定度密切相关。

如前面提到的，当气团被强迫上升时，其温度因体积增大而降低（绝热冷却）。通过比较气团与周围空气的温度，我们就可以确定其稳定度。如果气团温度比周围空气温度低，则其密度将变大，如果让它一直这样下去，气团将下沉到原来的位置。这一类大气称为稳定大气，它会抵制垂直运动。

然而，如果假设上升气团比周围大气暖、密度小，气团将继续上升直至其温度与周围温度相等的高度。这一类大气称为不稳定大气。不稳定大气就像一个热气球，只要气球内的空气温度高于周围空气温度、密度比周围空气密度小，它将一直上升，热气球能在大气层上升就是这个原因。

大气稳定度是通过测量不同高度的温度的变化，即环境直减率来确定的。不要将环境直减率与绝热温度变化相混淆。环境直减率反映的是实际大气温度随高度改变所发生的变化，可以通过不同的探空仪或飞机观测获得。而绝热温度变化是指气团在大气中作垂直运动时温度的变化。

例如，在 1 km 高度的空气温度比地面温度低 6°C，2 km 高度的空气温度比地面温度低 12°C，因此，环境直减率是 6°C/km，因为温度高了 6°C，

> 大 气 圈

所以地面的空气密度比在 1 km 处的空气密度小。然而，如果地面的空气被强迫上升到 1 km 高度，它将按 10°C/km 的干绝热率膨胀和冷却，结果当达到 1 km 高度时，上升气团的温度将从 25°C 降到 15°C。由于上升的空气温度比周围环境温度低 4°C，密度将变大，所以只要有可能，气团将下沉到原来的位置。因此，我们说近地面的空气温度潜在地低于高空的空气温度，除非受到强迫作用，否则它是不会上升的（例如，空气经过山地时可能受地形的强迫抬升）。

第6章

云物理学基础

> 大气圈

6.1 云的分类与形成条件
Classification and formation conditions of clouds

水具有的几个特性使其有别于其他大多数物质。例如：

① 水是地球表面最主要的、体量巨大的液体；

② 水在温度变化下易从一种状态转变为另一种状态（固态、液态、气态）；

③ 固态水——冰的密度比液态水的密度小；

④ 水具有较高的比热容——改变其温度需要较多的能量。

水的这些特性都会影响到地球的天气和气候，这些特性在很大程度上是由水分子形成氢键的能力所决定的。为了更好地理解氢键的性质，我们来考察水分子的结构（图 6.1）。一个水分子（H_2O）由两个氢原子和一个氧原子通过共价键结合而成。氧原子具有比氢原子更大的引力来吸引电子（带负电的亚原子），所以在水分子的氧原子端具有负电性；同样的原因，水分子的两个氢原子端都具有正电性。因为不同电性的粒子相互吸引，一个水分子的氢原子会被另一个水分子的氧原子吸引，氢键就是存在于它们之间的这种引力（图 6.1）。

氢键的作用是将水分子结合在一起形成固态冰。在冰中，氢键产生如图 6.2 那样的牢固的网状六边形，而冰的分子组成却是非常开阔的（有大量的空当）。冰被充分加热后开始融化，融化使部分（不是全部）氢键断裂，结果液态水分子呈现更紧密的分布（图6.2）。这一结果解释了水在液态时密度为什么比在固态时的大。

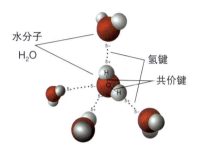

图 6.1 水分子中的氢键

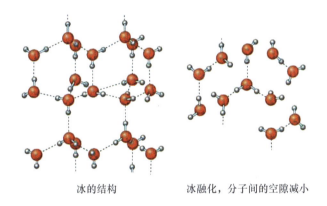

冰的结构　　　　冰融化，分子间的空隙减小

图 6.2 冰的晶体结构

因为冰的密度比水的密度小，所以寒冷时期水结的冰能漂浮在水面上，将冰面之下的水和寒冷的大气隔离开，使得更深处的水不至于完全冻结，保障了更加广阔的生命存在空间。若冰的密度比水大，那么水只要结冰就会迅速沉到海底或湖底，直到整个海或湖完全结冰，这会导致宏观生物体几乎无法存活，同时日后的解冻也会变得相当困难，地球将会变得相当容易"被冰封"。可以想象，这样的地球将不存在如今所见的生态系统。

大气圈

　　水的比热容也与氢键有关。当水被加热时，部分能量用来打开氢键而不是增加分子的运动。因此，在相同条件下，水的加热和冷却比其他大多数常见物质要慢，即水的比热容更大。由于水的这一性质，与周围陆地环境相比，大的水体可以调节温度，使得在冬季较暖而在夏季较凉爽，即所谓的"冬暖夏凉"。

　　水的三态共存是地球宜居性的一个重要保障。冰是由水分子组成的，这些动能较低（运动较慢）的水分子由其相互作用引力（氢键）以网络状有序地紧密结合在一起。这种结构使得水分子彼此不能自由移动而只能在固定的位置振动。当冰被加热时，分子运动加快；当分子的运动速率增大到一定程度时，水分子之间的氢键被破坏，冰就开始融化。

　　水在液态时，水分子仍然紧密地挤在一起，但运动得足够快，使其可以很容易地滑动通过另一个水分子。这样，液态水就成为流体，并可以成为任何盛装它的容器的形态。当液态水从周围环境获得热量时，某些水分子获得足够的能量而破坏氢键，从而逃离液体表面变成水汽。水汽分子之间有开阔的空隙。

　　概括起来就是，当水发生相变时，氢键要么形成，要么断裂。无论何时，只要水的状态发生变化，就会与周围进行热量交换。例如，蒸发水需要热量。气象学家将水的状态变化所需的热量单位称为卡[①]（cal），1 cal 相当于在 1 个大气压下，1 g 水温度升高 1°C 所需的热量。因此，当 1 g 水吸收了 10 cal 的热量，则水分子运动加快，温度升高 10°C。

　　在一定条件下，将物质加热，其温度却可能不升高。例如，在玻璃杯中，冰和融化的冰水混合在一起时，其温度保持在 0°C 不变直到冰全部融化。如

[①] 1 cal = 4.186 J。

果增加的能量没有使冰水温度升高，那么能量到哪去了呢？在这种情况下，增加的能量用来打开连接水分子成为冰晶结构的氢键。热量用于融化冰但不引起温度变化，这种热量称为潜热。这种能量完全储存在液态水中，直到当水再次转变为固态时又作为热量释放出来。每融化 1 g 冰需要约 80 cal 热量，这个值称为熔化潜热；而相反的过程即为冻结过程，1 g 水凝结成冰会将 80 cal 热量作为熔化潜热释放出来。

潜热同样存在于水从液体变为气体（水汽）的蒸发过程中。在蒸发过程中，水分子吸收的能量用来使其作为气体逃离液态水表面。这一能量称为蒸发潜热，其值大致是 1 g 水从 0°C 时的 600 cal 到 100°C 时的 540 cal。在蒸发过程中，温度较高（运动较快）的分子将逃离水面。结果剩下的水分子的平均分子温度会降低——因此说"蒸发是一个冷却过程"。当你身体潮湿地从装满水的游泳池或浴缸里离开时就一定会体验到这一冷却效应。在这种情况下，皮肤表面水的蒸发需要能量，你就会感觉到冷。凝结与蒸发相反，是水汽变回到液态的过程。在凝结过程中，水汽分子释放能量（凝结潜热），其值与蒸发时吸收的热量相等。当大气中水汽发生凝结时就会有雾和云生成。

潜热在许多大气过程中发挥着重要作用，特别是在水汽凝结形成云滴时，释放的潜热会加热周围大气使其产生浮力。当空气中的湿度较高时，这一过程可以刺激高大雷暴云的发展。此外，在热带海洋上的水分蒸发和在高纬度地区的水汽凝结造成从赤道向极地的重要的能量输送。

升华是物质不经过液态而由固态直接变为气态的过程。例如，干冰（冻结的二氧化碳）迅速地变成云雾消失。凝华是与升华相反的过程：水汽直接变成固体。例如，水汽在固体如眼镜或窗户上形成固态沉积物就是这种情况。

大气圈

这些沉积物称为白霜，或简称为霜。家里常见的凝华过程就是冰箱里产生的"霜"。凝华所释放的能量等于凝结和冻结释放的能量之和。

6.2 主要云属的宏观和微观特征
The macrocosm and microcosm characteristics of the major cloud genera

云、雾和各种形式的降水是最容易观察到的天气现象。云是一种悬浮于地表上的大气中由微小水滴或冰晶组成的可见聚合物。云是天空中常见的，有时甚至非常壮丽的景观，更重要的是，云可以直观地表征大气状态。

大气中的水汽由于绝热冷却而凝结形成云。一个气团上升时会经过连续降压的区域而膨胀和绝热冷却。气团上升到某一高度时冷却到露点温度就开始凝结，该高度称为抬升凝结高度。发生凝结必须满足两个条件：一是空气必须达到饱和，二是必须有一个可供水汽凝结时附着的表面。

在露的形成过程中，地表或接近地表的物体，如草叶可以作为水汽凝结的表面。而当凝结发生在高空时，大气中的微小颗粒物就作为云的凝结核提供凝结表面。如果没有凝结核，要形成云滴，则相对湿度必须超过100%（但是在极低温度时，即使没有凝结核的存在，水分子也会"黏在一起"形成一个微小的团）。云凝结核包括微小粉尘、烟雾和盐粒等，它们在低层大气中很丰富，因此在对流层中相对湿度很少超过100%。

第 6 章 云物理学基础

凝结发生最有效的地方是被称为吸湿性凝结核的颗粒物。普通食物如饼干和谷物是吸湿性的，当暴露于潮湿空气时，它们会吸收水汽，迅速变软、长霉。海上的浪花蒸发时会将海盐颗粒释放到大气中，由于盐具有吸湿性，海面附近相对湿度不到100%时就会开始形成水滴。形成于盐粒表面的云滴一般比成长于非吸湿性核上的更大。尽管疏水性颗粒不是有效的凝结核，但相对湿度达到100%时云滴仍会形成。

沙尘暴、火山喷发和花粉是云凝结核的主要来源。此外，类似森林大火、机动车尾气、燃煤锅炉燃烧的副产品等也作为吸湿性凝结核释放到大气中。各种云凝结核具有不同的亲水性，因此同一个云体中会有不同大小的云滴共存，这也是产生降水的一个重要原因。

最初，云滴的生长非常迅速。但是，大量云滴的形成不断地消耗水汽，云滴生长速率逐渐减慢，结果云内包含无数微小水滴。这些微小水滴太小，只能悬浮于空气中。即使在非常湿润的空气中，云滴仅靠增加凝结来增长也是很慢的。另外，云滴和雨滴大小的巨大差异（大概100万个云滴形成1个雨滴）表明，仅仅靠凝结并不能使雨滴（或冰晶）增长到能够降落到地面的程度。

1803年，英国自然科学家卢克·霍华德发布了云的分类，该分类成为现在云分类体系的基础。根据霍华德的分类体系，云的分类基于两大准则：形态和高度（图6.3）。

> 大 气 圈

图 6.3 常见的云型

6.2.1 三种基本云型：卷云、积云和层云

卷云高、白且薄。它们呈薄纱块状或如柔软丝线般，通常有着羽毛般的外形（卷云是拉丁语中的"卷发"或"细线"的意思）。

积云由球状云团组成，通常有着棉花般的外形。积云一般表现为平底部，像升起的圆顶或塔一样（积云在拉丁语中意为"成堆"或"堆积"）。

层云用被单或层状物来描述最为形象，它们覆盖于大部分或者整个天空。尽管有许多微小的破裂，但是看不出明显的单个云体。

所有的云至少是这三种基本云型中的一种，有些是其中两种云型的组合（如卷积云）。

6.2.2 高云、中云、低云

根据云型分类的第二个准则——高度，可将云分为三个层次：高云、中云、低云。高云的云底高度通常大于 6 km；中云通常在 2～6 km；低云一般低于 2 km。这些高度也可能随季节和纬度而有所变化。例如，在高纬度（极地）或者冬季，高云常出现在更低的高度上。某些云会向上扩展跨越不止一个高度范围，因而被称为垂直发展型云，简称直展云。

表 6.1　基本云型

云族和高度	云型	特征
高云 （高于 6 km）	卷云（Ci）	薄，柔，纤维状冰晶云。有时像钩状的细丝，称为"马尾云"或钩卷云
	卷层云（Cs）	使天空看起来呈乳白色的薄层白色冰晶云，有时在太阳或月亮周围会产生晕
	卷积云（Cc）	薄而白的冰晶云，具有波纹或波状形式，或者球团状排列，可能产生鱼鳞天，是最少见的高云

续表

云族和高度	云型	特征
中云 （2～6 km）	高积云（Ac）	常由单独小球状云体构成的灰白云，"羊背石"云
	高层云（As）	通常为较薄的层状面纱云，可能产生轻微降水。较薄时，太阳或月亮可能看起来像"亮盘"，但是没有晕
低云 （低于2 km）	层云（St）	看起来像雾但不接地的低而均匀的层状云，可能产生毛毛雨
	层积云（Sc）	破碎球状或卷状的柔软灰云。卷状云可能连在一起形成连续的云层
	雨层云（Ns）	无一定形状的灰黑色云，是产生降水的主要云种之一
垂直发展型云 （直展云）	积云（Cu）	有着平底的密实、汹涌波浪似的云，可能单独出现或者成群出现
	积雨云（Cb）	塔状云，有时扩展至顶部形成砧状云顶，与强降水、雷暴、闪电、冰粒、龙卷风有关

（1）高云

高云族包括卷云、卷层云、卷积云。由于高层大气温度较低、水汽较少，高云通常薄而白，主要由冰晶构成。

卷云由纤细的冰线组成。高空风经常会使这些纤维状的冰尾弯曲或者卷曲。钩状的卷云常称为"马尾云"（图6.4a）。

卷层云是透明、发白、纤维状的薄纱云，有时可以覆盖大部分或者全部天空，看上去光滑平整。当卷层云在太阳或月亮周围产生日晕或月晕时可以很容易被辨别出来（图6.4b），但卷层云偶尔会非常薄而透明，难以辨别。

卷积云表现为白色涟漪状细波、鳞片和球状的细小云块（图6.4c）。这些小云块可以聚集也可以分散，时常排列成鱼鳞状，这一现象称为鱼鳞天。

尽管高云一般不会产生降水，但是卷云会转化为有可能产生暴雨天气的卷积云。海员们根据观测经验总结出这样的俗语：鱼鳞天，马尾云，大船降帆莫航行。

a. 卷云　　　　　　　b. 卷层云　　　　　　　c. 卷积云

图 6.4　高云

（2）中云

中云族包括两种云型：高积云和高层云。

高积云会形成圆状或球状的大块云，这些云块可能合并也可能不合并（图6.5a）。高积云一般由水滴而非冰晶构成，单个云体通常具有明显的轮廓。高积云有时会和卷积云（更小、更密）、层积云（更厚）相混淆。

高层云为无固定形态的、覆盖大部分或全部天空的浅灰色云层。一般情况下，透过高层云可以看到太阳为一个边缘不清楚的亮斑（图6.5b）。与卷层云不同，高层云不会产生日晕。高层云有时会伴随着小雪或毛毛雨这样的少量降水。高层云一般在暖锋接近时出现，然后逐渐变厚成为能产生大量降水的黑灰色雨层云。

大气圈

a. 高积云　　　　　　　　　　b. 高层云

图 6.5　中云

（3）低云

低云族有三个成员：层云、层积云和雨层云（图 6.6）。

层云经常表现为覆盖大部分天空、有时会产生小雨的均匀层状。

当层云发展成类似平行的卷状或破碎球状且底部为圆齿状时则被称为层积云。

雨层云这个名字引自拉丁语中的"雨云"和"层云"。正如其名字所示，雨层云是降水的主要制造者之一。雨层云形成于锋面附近大气被迫抬升的稳定状态。这种稳定大气的被迫抬升产生了水平范围远远大于厚度的层状云。与雨层云相伴随的降水一般是小雨到中雨，持续时间长、范围广。

a. 层云　　　　　　b. 层积云　　　　　　c. 雨层云

图 6.6　低云

（4）垂直发展型云

有一种云不能归于按高度分类的三族种中的任意一族，因为它的底端处于低云高度，云顶却扩展至中云或高云的高度，这种云称为垂直发展型云，简称直展云。

积云是最常见的垂直发展型云的独立体，其顶部呈垂直穹状或塔状。晴天不均匀热辐射导致气块垂直上升到抬升凝结高度后最常出现积云（图6.7）。

a. 积云　　　　　　　　　　　　b. 积雨云

图 6.7　垂直发展型云

当一天中的较早时候就出现积云时，那么随着午后太阳辐射热量的增强，云量可能增加。另外，一些较小的积云（淡积云）形成于晴天，很少产生降水，因此常被称为"好天气云"。但是，当大气不稳定时，积云的高度会急剧增加。当此类积云持续发展，顶部进入中云高度范围后就称为浓积云。最后，若积云继续发展，开始出现降水时，就称为积雨云。

积雨云有着高大、密实、可观的垂直高度，是像巨塔一样的云体。在积

大气圈

雨云发展后期，其云体上部变为冰晶，呈纤维形态，常扩展为砧状云顶。积雨云塔高度可从离地面几百米延伸至12 km，有时甚至达到20 km。这种巨大的塔状云会产生强降水，并伴随闪电雷暴，有时甚至有冰雹。

以上10种基本云型可以有各种各样的变化，可以用各种形容词来描述这些云型变化的详细特征。例如，钩卷云，意为具有"钩状"的云形，有点像逗号的样子。钩卷云通常预示着坏天气。当层云或积云破碎时，就用"碎云"来描述。此外，有些云底具有类似奶牛乳房的圆形凸起。当这种结构出现时，称为乳状云（图6.8a）。这种云通常与雷暴天气有关。

形似凸透镜的云在崎岖地形或山区地形很常见，称为荚状高积云。尽管任何时候只要垂直方向上有气流大幅波动时都可能出现荚状云（图6.8b），但它最常出现在山的下风坡一侧。当空气流经山坡时，形成波状气流，气流上升的地方形成云，气流下沉的地方则没有云。

a. 乳状云　　　　　　　　　　b. 荚状云

图6.8　特殊云型

6.3 云滴的凝结增长
Condensation growth of cloud droplets

云滴非常微小,直径约 20 μm(0.02 mm),对比一下,人的头发直径为 75 μm。由于粒径太小,云滴在静止大气中的下落速度非常缓慢。平均大小的云滴从 1000 m 高的云底下落至地面需要几个小时;即使如此,云滴也从未完成过这一旅程。因为实际上,当云滴从云底下落几米之后就会在未饱和大气之中蒸发。

云滴需要长到多大才能成为降水呢?典型的雨滴直径约为 2.0 mm,或者说是平均云滴直径的 100 倍大小(图 6.9)。典型雨滴的体积是云滴的 100 万倍。因此,要形成雨滴,云滴需要在体积上增长约 100 万倍。你可能会猜想,不断增加的凝结能够产生出足够大的雨滴,在其被蒸发之前降落到地面。但是,云是由数十亿计的微小云滴组成的,这些云滴为了长大,需要为获得有限的水分而激烈竞争。显然,凝结并不是雨滴形成的有效方式。

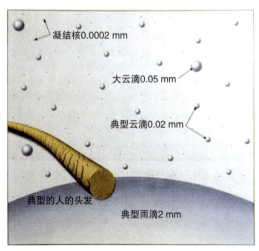

图 6.9 凝结核和降水粒径的比较

> 大 气 圈

因此,降水的形成是由两个过程来完成的:暖云碰并增长过程,冷云贝吉龙过程。

6.3.1 暖云碰并增长过程

几十年前,气象学家认为除了毛毛雨以外的大多数降水都是由冷云贝吉龙形成的。后来发现,尤其在热带地区,充沛的降水常常来自远低于冻结高度的云(被称为暖云)。研究表明,完全由液态水滴构成的云通常包含一些直径大于 20 μm(0.02 mm)的水滴。这些大水滴的形成是由于"巨大"凝结核或者吸湿性颗粒(如海盐)的存在。在空气相对湿度低于 100% 时,吸湿性颗粒开始从大气中吸收水汽。因为液滴的降落速度取决于它们的大小,所以"巨大"的液滴降落最快。表 6.2 归纳了水滴大小和降落速度的关系。

表 6.2 水滴的降落速度

种类	直径 /mm	降落速度 /(km·h^{-1})
小云滴	0.01	0.01
典型云滴	0.02	0.04
大云滴	0.05	0.3
毛毛雨	0.5	7
典型雨滴	2.0	23
大雨滴	5.0	33

降落较快的较大液滴在降落过程中会与降落较慢的较小液滴碰撞合并,在此过程中大液滴增长得更大,降落得也更快(或在上升气流中上升得更慢),这样又会使它们碰并的机会加大,生长的速度增快(图 6.10a)。大约 100

万个云滴合并之后,雨滴才能生长得足够大,使其降落到地面而不被蒸发。

由于从云滴增长到雨滴大小需要大量的碰撞过程,因此垂直高度较高并包含大云滴的云最有可能产生降水。液滴处于上升气流时将在云中反复穿行从而导致更多的碰撞,因此也会促进降水。

雨滴增大,下降速度就加快;速度加快反过来又会增加空气的摩擦阻力,从而使雨滴的底部变平坦(图6.10b)。当雨滴直径达到4.0 mm时底部将出现凹陷,如图6.10c所示。当雨滴以33 km/h的速度降落时,雨滴直径最大可增长至5.0 mm。这时,空气阻力的拖曳作用超过水滴的表面张力。这种爆发式的凹陷发展使雨滴成为甜甜圈式的环形并立即破裂。大水滴破碎之后产生更多的小水滴,它们将开始新的吞并云滴的任务。

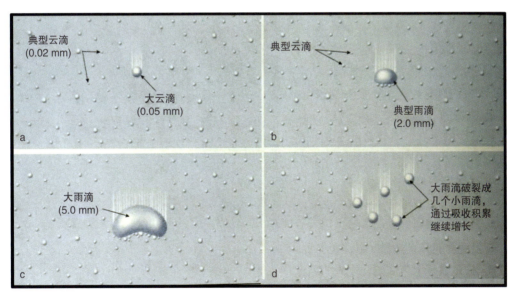

图 6.10　碰并过程示意

但是,碰并过程并没有这么简单。首先,当较大水滴下降时,它们会在

大气圈

周围产生类似于高速公路上汽车迅速行驶形成的气流,气流会推开较小的水滴。可以想象夏季夜晚沿乡村道路驾驶的情形,空气中的小飞虫就像是云滴——大多数都被空气推到两旁。但是,大云滴(大飞虫)有更多的机会与巨大的雨滴(汽车)相碰撞。

其次,碰撞并不保证都能合并。实验证明,碰撞发生之后,大气中的电荷可能是这些云滴合并的关键。如果一个带负电的云滴和一个带正电的云滴碰撞,异电相吸可能使它们合并。

大云滴在充足的环境条件下的碰并是最有效的,热带尤其是热带海洋上的大气是一个理想环境:与许多人口密集地区相比,这里的空气非常湿润且相对干净,凝结核更少。较少的凝结核竞争现有的大量水汽,凝结就更快并产生相对较少的大云滴。当积云发展时,最大的雨滴快速合并较小的雨滴,从而产生具有热带气候特点的温暖的午后阵雨。

在中纬度地区,尤其在炎热湿润的夏季,碰并过程可能增加由贝吉龙过程形成的高大积雨云的降水。塔状云上部产生的雪花降落至冻结高度以下会融化,而融化产生较大且下落较快的液滴。大液滴下降时又与大量较小、下落较慢的云滴碰撞,结果就可能产生倾盆大雨。

6.3.2 冷云贝吉龙过程

为纪念瑞典气象学家贝吉龙发现冰晶在过冷云降水形成中有重要作用,人们将中纬度地区产生大量降水的过程命名为贝吉龙过程,又称"冰晶效应"。贝吉龙过程发生于水汽、液态云滴和冰晶共存的状态。为了理解这一机制的作用原理,我们必须考察水的两个重要性质。第一,与你想象的相反,

第6章 云物理学基础

云滴在0°C时并不会冻结。实际上，悬浮在空气中的纯水直到气温下降至接近 −40°C 时才会冻结。0°C 以下的液态水称为过冷水。过冷水在碰到物体时很容易冻结，这就解释了为什么飞机在穿过过冷水组成的液态云时容易结冰，也解释了为什么冻雨或雨凇以液态形式降落但落至路面、树枝或汽车挡风玻璃上之后却变成了冰。大气中的过冷水与类似冰状的固态颗粒物（例如碘化银）接触之后就会冻结，这些物质被称为冻结核。冻结核促进冻结的发生，就像凝结核在凝结过程中的作用一样。

与凝结核相反，大气中的冻结核很稀少，并且通常只有当气温降至 −10°C 或更低时才会活跃。因此，当气温在 −10～0°C 时，云中主要是过冷水滴；气温在 −20～−10°C 时，液态水滴和冰晶共存；当气温在 −20°C 以下时，云中通常全部是冰晶，如高空中的卷云。

现在来看水的第二个重要性质：冰晶上的饱和水汽压略低于过冷水滴上的饱和水汽压。这是因为冰晶是固态的，其水分子之间的结合要比液态水分子之间的结合更紧密，所以水分子更容易从过冷液态水滴上逃离。因此，当空气对于液态水滴为饱和状态（相对湿度为100%）时，对于冰晶已是过饱和状态。如表6.3所示，气温在 −10°C 时，水面上的相对湿度是100%，冰面上的相对湿度则是110%。知道这些事实之后，我们就可以解释降水是如何通过贝吉龙过程产生的了。云中气温为 −10°C 时，每个冰晶（雪晶）周围都有成千上万个液滴（图6.11）。因为空气对于液态水滴是饱和的（相对湿度为100%），而对于刚生成的冰晶却是过饱和的，所以这种过饱和状态会使冰晶吸收水分子从而降低大气的相对湿度；其结果是水滴变小，以其蒸发来补充空气中减少的水汽。因此，冰晶依靠液滴持续蒸发的水汽供给而增长。

表 6.3　不同温度下水面相对湿度为 100% 时冰面的相对湿度

温度 /°C	相对湿度 /（%）	
	水面	冰面
0	100	100
−5	100	105
−10	100	110
−15	100	115
−20	100	121

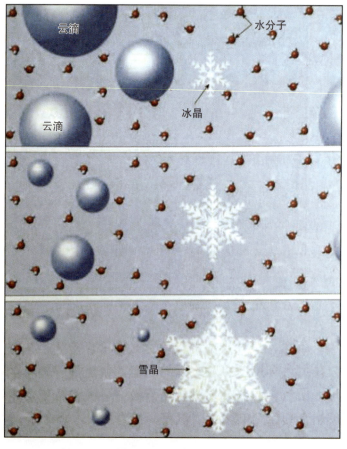

图 6.11　贝吉龙过程

第 6 章　云物理学基础

冰晶增长到充分大时开始下落，下落过程中云滴在冰晶表面冻结使冰晶进一步增长。气流有时会使脆弱的冰晶破碎，而这些冰晶碎片又成为其他液滴的冻结核。这种反应链又会产生更多的雪晶，积累形成许多更大的雪花。大雪花可能会由许多单个的冰晶组成。

在中纬度地区，只要云的上部足够寒冷而产生冰晶，全年都可以由贝吉龙过程产生降水。落到地面的降水类型（雪、雨夹雪、雨或者冻雨）取决于大气底层几千米的温度垂直廓线。当地表温度大于4°C时，雪花通常在接触地表之前就已融化，然后以雨的形式降落。即使在炎热的夏季，一场暴雨也许正是从我们头顶上高空云中的暴雪开始的。

总之，贝吉龙过程和碰并过程这两种机制都会产生降水：以冷云（或云顶）为主的中纬度地区主要发生贝吉龙过程；而水汽充沛、凝结核相对较少的热带地区则由碰并过程生成数量较少但更大、下落速度更快的液滴。无论哪种降水形成机制，雨滴的进一步增长都离不开碰并过程。

6.4 冰雹的增长
The growth of hail

冷云和混合云中云粒子的增长变化方式非常多样化。首先，在一定的过饱和度下，过冷水滴和冰晶粒子要凝结或凝华增长。冰晶粒子与水滴的碰并增长以及冰晶之间的碰连增长，与水滴的碰并现象十分类似，但都更为复杂，

大气圈

因为冰晶形状多种多样，在研究碰并或碰连效率时，还要考虑形状因子。霰粒子是由冰晶（雪片）与过冷水滴在云中碰撞而成的，其形状大多呈圆锥形。霰是冰雹胚胎的一个重要来源。当冰晶上碰撞的过冷水滴量不多，冰晶还能保持原形状时，则称为凇晶。由水滴直接冻结而成的称为冰粒，冰粒的形成有三种途径：第一种是水滴在上升气流中因空气绝热冷却冻结；第二种是非过冷雨滴下降时，通过冷空气层冻结；第三种是云中原来下降的固体水成物（雪花或霰等），经过暖空气层时融化为水滴，再进入冷空气中冻结。但通常以第一种途径形成的冰粒最多，而且可以成为雹核。

在一块混合云中，冰质粒与过冷水滴相碰，使水滴在冰质粒上面冻结起来，使冰质粒的质量增大，这个过程称为结凇增长。它能造成各种结构的结凇体。当结凇过程超过一定阶段时，就难以分辨出冰晶的原始形状。这种失去原始形状的结凇冰质粒，称为霰。雹是冰质粒依靠结凇增长增大到极端的情况。它形成于含水量十分丰富的旺盛对流云中。如果雹块收集过冷水滴的速率非常大，其表面温度上升到 0°C，这时收集的某些液态水会保持不冻，雹块表面就覆盖了一层液态水。这种雹块即处于湿增长状态。雹块上的有些液态水，可在雹块尾流中被甩掉，但有一些液态水则会与冰交织在一起，形成所谓的海绵状雹。

如果把雹块切下一片，用透射光进行观测，常可发现其中包含明暗交替的层次（图 6.12）。暗层为不透明冰层，内含无数小空气泡。明层由无气泡的清澈的冰构成。明层可能在雹块处于湿增长的时候形成。仔细检验雹块内部各个冰晶的取向（把雹块放在两块相互正交的偏振片之间，就可以看出冰晶取向），也可以判断雹块是否经历过湿增长。在雹块表面往往包含不少很大的瘤状凸起物，当产生碰并的水滴很小，且雹块处于接近湿增长的极限状态时，凸起物增长最为明显。在雹块上出现任何小的凸起都有利于该区域水滴碰并效率的提高。这可能是瘤状凸起物发展的原因。

图 6.12　北京冰雹（2022 年 6 月 12 日）

产生冰雹的雷暴云在宏观特征上差别很大，即冰雹云在降雹大小、强度、范围、持续时间、云的内部结构和移动特点等方面都有所不同。根据对冰雹云的多次观测，有学者将冰雹云分为四类：弱单体冰雹云、强单体冰雹云、传播式冰雹云和多单体强风暴冰雹云。

冰雹是冰或冰球形式的固体降水。小冰雹直径不到 1 cm，大的可达 10 cm 以上。在美国（内布拉斯加）发现的最大雹块直径达 13.8 cm，重约 0.7 kg。但常见的雹块直径仅约 1 cm。

冰雹的个头很大，其下降末速度很大。所以要形成冰雹，云中需存在每秒十几米至几十米的强上升气流，使冰雹在云中有一定的滞留时间而长大。冰雹成层结构说明，冰雹在云中要经历至少两种不同的增长过程或几上几下的历程。一般认为，冰雹的不透明层是由过冷水碰撞在冰雹上直接冻结成冰形成的，因冻结过程较快，水中含有的气泡来不及释放，使得该层不透明，

大气圈

这是所谓的干生长过程。若雹块捕获的水滴较多而散热较慢,水滴不能立即全部冻结而在冰雹外层形成一层水膜,然后慢慢冻结,气泡大部分释放,这时形成的冰层相对透明,这是所谓的湿生长过程。

6.5 自然降水过程
Natural precipitation process

大气状态存在着时空差异,在不同的区域和不同的季节,大气状态变化很大,因而会产生不同的降水类型:雨、雪、雨夹雪和雨凇。

雨和雪是人们最常见、最熟悉的降水形式,表 6.4 中其他形式的降水也同样重要,这些降水形式虽然只是偶然发生在零星地区,但它们有时可能会造成相当大的危害,尤其是冻雨和冰雹。

表 6.4　降水类型

类型	尺寸	水相	说明
薄雾	0.005～0.05 mm	液态	风速为 1 m/s 时水滴大小使脸部可以感受到,与层云有关
毛毛雨	< 0.5 mm	液态	从层云降落的小而均匀的水滴,通常持续几小时
雨	0.5～5 mm	液态	通常由雨层云或积雨云产生。大雨时,雨滴大小的地区差异较大
雨夹雪	0.5～5 mm	固态	雨滴降落至低于冰点的气层冻结形成的小的球状或块状冰粒。由于冰粒较小,造成的灾害也较小。雨夹雪可使道路交通发生危险

续表

类型	尺寸	水相	说明
冻雨（雨凇）	1～20 mm	固态	过冷水滴与固态物体接触冻结而产生。雨凇会形成厚厚的、重量足以损坏树木和电线的冰层
雾凇	可变累积量	固态	通常包含指示风向的冰羽状沉积物。过冷云或雾接触物体后冻结产生精美的霜类沉积物
雪	1～20 mm	固态	雪的晶体特性使它具有多种形状，包括六面体冰晶、片状和针状。过冷云中水汽以冰晶形式积累并在下降过程中保持冻结即产生雪
冰雹	50～100 mm 或更大	固态	坚硬的圆颗粒或不规则的固态降水，产生于冻结冰粒和过冷水共存的大型对流性积雨云中
霰	2～5 mm	固态	也称为"软冰雹"，在雪晶上结晶而形成的形状不规则的"软"冰物质。由于这类颗粒物比冰雹软，通常在受到撞击时变平

6.5.1 雨、毛毛雨和薄雾

气象学上的雨特指从云中降落、直径至少为 0.5 mm 的水滴（毛毛雨和薄雾液滴较小，因此不算作雨）。大多数雨来自雨层云或者常产生大暴雨的塔状积雨云。

直径小于 0.5 mm 的均匀水滴称为毛毛雨。毛毛雨和小雨通常产生于层云或雨层云，可能持续几小时或偶尔持续数天。

雨滴进入云下的不饱和空气中开始蒸发，根据空气的湿度和水滴的大小，雨滴可能在到达地面之前就完全蒸发。这种雨滴在下落过程中由于不断蒸发，而在云层底部形成丝缕状悬垂物，称为雨幡。类似于雨幡，冰晶可能会落入干燥空气升华，这样的缕状冰粒则称为雪幡。每当雪幡降落后，云块即将消散。

> 大 气 圈

能到达地面的最小粒径的水滴形式的降水称为薄雾。薄雾的水滴非常微小，看似悬浮于空中，不易察觉。

6.5.2 雨夹雪和冻雨

雨夹雪是雨经过较冷的空气层时冻结成小球状，含有透明或半透明冰粒的降水现象，这种情况大多发生在冬季，此时暖空气会被强迫抬升到冷空气层。雨夹雪的形成过程中，贴近地表的冻结层之上必须覆盖有一层高于冻结温度的气层。通常由雪融化成的雨滴离开较暖空气遇到下面的较冷空气时会冻结，然后在到达地面时变成雨滴大小的冰粒。

有时，积云的垂直温度分布与形成雨夹雪或冻雨的温度层结构类似。在这种情况下，因为贴近地面低于冰点的气层没有足够的厚度使雨滴冻结，所以雨滴为过冷却状态。当遇见地表的突出物时，这些过冷水滴立即结冰。极冷的水滴同物体接触形成的冰层，或在低于冰点的情况下落在地表物体上形成的冰层，称为雨凇。厚重的雨凇甚至可以压断树枝、电线，并使步行和驾驶变得极其危险。

6.5.3 雾凇

雾凇非冰非雪，俗称冰花、树挂等，是低温时空气中的水汽直接凝华，或过冷雾滴直接冻结在低于冰点的物体表面上形成的乳白色冰晶沉积物。雾凇形成需要同时具备气温很低和水汽很充足这两个条件。当雾凇形成于树上时，树木被冰羽装饰得非常壮观（图6.13）。在这种情况下，诸如松针这样的物体成为冷却水汽冻结的冻结核。有风时，只有树的迎风面会形成雾凇。雾凇是非常难得的自然奇观。

图 6.13　雾凇

6.5.4　雪

雪是以冰晶，更多的时候是以冰晶集合形式落下的降水。雪花的大小、形状和密度很大程度上取决于它们形成时的温度。

我们知道，温度很低时，空气中水汽含量也低，这时会形成由六边形冰晶构成的轻而蓬松的雪花，这就是山地滑雪者渴望的"雪粉"。相反，当气温高于 $-5°C$ 时，冰晶集合成较大的块状冰晶聚合物，由这种复杂雪花形成的降雪通常重且水分含量高，适合滚雪球。

> 大气圈

6.5.5 冰雹

冰雹是坚硬的圆球状或不规则块状固态降水。冰雹仅产生于高大的积雨云中，该类积雨云中的上升气流速度有时可达 160 km/h，并有充足的过冷水。冰雹起源于小的胚胎冰珠（霰），随后在下降过程中吸附的云中的过冷水逐渐增多。如果遇到强烈的上升气流，它们可能会再次上升后重新开始下降的旅程。它们每一次穿过云中的过冷水区域时都会增加一层冰壳。冰雹也可以通过单次上升、下降形成。无论哪种方式，冰雹形成过程将持续进行直到冰雹长到足够大以至于不能被雷暴的上升气流支撑或者遇到下降气流时，就会降落到地面。

冰雹内可能会有介于透明和半透明状的几个冰层。在云的上部，较小的过冷水滴因快速冻结会出现气泡而产生乳白色的外表。相反，透明冰层则产生于云底较暖区域，在这里与水滴碰撞使冰雹表面变湿，因为这些水滴冻结缓慢，它们产生的冰层气泡相对较少而显得透明。尽管有些冰雹可能有橘子那么大，但大多数冰雹的直径为 1～5 cm（大小介于豌豆粒和高尔夫球之间）。有时冰雹可重达 454 g 以上，这样的情况大多是由几个冰雹合并而成的（图 6.12）。

大冰雹的破坏性众所周知。在美国，每年由冰雹造成的灾害损失达数亿美元,损失最高的一次冰雹发生在 1990 年 6 月 11 日美国科罗拉多州的丹佛市，损失超过 6.25 亿美元。

总体来说，中国冰雹灾害的时间分布是十分广泛的。尽管一日之内任何时间均有可能降雹，但是在全国各个地区都有一个相对集中的降雹时段。有关资料分析表明，我国大部分地区降雹时间 70% 集中在地方时 13—19 时，其中以 14—16 时为最多。湖南西部、四川盆地、湖北西部一带降雹多集中在夜间，青藏高原上的一些地方多在中午降雹。另外，我国各地降雹也有明显的月份变化，其与大气环流的月变化及季风气候特点相一致。降雹区是随着南支急流的北移而北移的，而且各个地区降雹的到来要比雨带到来早 1 个月左右。一般说来，福建、广东、广西、海南、台湾在 3—4 月，江西、浙江、江苏、上海在 3—8 月，湖南、贵州、云南一带以及新疆的部分地区在 4—5 月，秦岭、淮河的大部分地区在 4—8 月，华北地区及西藏部分地区在 5—9 月，山西、陕西、宁夏等地区在 6—8 月，广大北方地区在 6—7 月，青藏高原和其他高山地区在 6—9 月，且为多冰雹月。另外，由于降雹有非常强的局地性，所以各个地区乃至全国的年际变化都很大。

6.6 人工影响天气基础
Weather Modification Foundation

在适当的天气条件下，通过人工干预使天气过程向符合人类愿望的方向发展即为人工影响天气。目前人工影响天气的手段主要是人工增雨和人工消雹，可以拓展到人工消雨、消雾、人工引雷等方面。瑞典科学家贝吉龙等于 1933 年提出，在大部分形成降水的混合云中，降水的形成主要取决于云中是否有足够数量的冰晶以及能否通过冰水转化过程形成大水滴。到 1946 年，美国科学家雪佛尔和冯纳格相继提出，可以在冷云中通过播撒干冰或碘化银的方法，适当增加云中的冰晶数量，促使降水的形成。这些研究指出了人工增雨的基本科学原理，开创了人工增雨作业的历史。

有关人工消雹的研究工作也于20世纪50—60年代达到了高潮，其理论依据是苏联科学家苏拉克维奇提出的所谓"过量播撒"理论。该理论认为，冰雹一般是在冰雹云里一个范围不很大的冰雹累积带中，由初始冰雹胚胎碰并周围的水滴或冰晶而增长形成的。如果在这一冰雹累积带中增加大量的冰雹胚胎，造成这些冰雹胚胎竟争该区域中有限的水滴或冰晶资源，就能有效抑制大冰雹的生长，从而达到减轻冰雹灾害的目的。

20世纪60—70年代，美国的人工影响天气活动得到联邦政府的支持，但始终未能拿出令科学界信服的完全由播云作业产生的效果。由于人工影响天气作业效果检验问题，美国联邦政府从20世纪80年代开始逐步减少对人工影响天气活动的投入。尽管美国政府已不太支持人工影响天气研究，但美国国内仍有一些科学家致力于推进云降水物理和人工影响天气研究，其研究水平和研究成果仍然居世界前列。多年来，俄罗斯在人工影响天气领域一直位列前茅，尤其在人工防雹、人工消云减雨、催化剂检测和室内实验等方面处于世界领先水平，表现为多架飞机联合作业、多种催化剂联合使用、催化区域和催化体积大等特征，人工消云减雨试验和服务保障案例多，经验丰富。以色列的人工增雨试验居世界领先水平，其人工增雨试验设计、催化作业技术、数值模拟技术、监测技术、效果检验评估技术值得世界同行学习和借鉴。近年来，以色列科学家在研究气溶胶对云和降水的影响这一国际科学前沿热点问题方面，取得了许多具有国际影响力的重要成果。

降水过程起始于云的出现，自然降水过程一般分为成云和致雨两个阶段。云的出现表明空气中的水汽已经达到饱和或过饱和，这就是成云阶段，这一过程是通过大气中气块被抬升冷却引起的。水汽从地面被抬升到高空需要大量能量。因此人工影响天气要在这个环节上有所作为是不现实的。

当前，人工影响天气主要在致雨阶段，包括两种情况：一是主要通过干冰、碘化银、液氮等进行冷云催化；二是主要通过吸湿性颗粒如食盐、氯化钙等进行暖云催化。目前催化作业大体有四种方式：一是地面布置碘化银燃烧炉；二是高炮和火箭的地面作业；三是飞机催化作业；四是气球播撒催化剂。目前人工影响天气的手段还只是通过播撒人工冰核和吸湿性核来实现预定目的。但是，在不同的地区或者同一地区的不同时间，人工影响天气的手段也会发生变化，变的主要是播撒量、播撒区域和播撒时机。

随着科技的发展，发展新型催化剂如生物冰核和纳米冰核等成为人工影响天气的热点领域，因为它们能够有更高的成核率和更强的吸附能力。同时，人工影响天气研究还加强了云的宏观、微观物理观测，特别重视液态水探测，云中的液态水含量在一定程度上表征着过冷水的含量，而过冷水含量是衡量区域人工增雨潜力和增雨作业条件选择的重要指标之一。

6.7 大气中的光、电、声现象
The phenomena of light, electricity, and sound in the atmosphere

大气中千变万化、千姿百态的光、电、声现象，从古至今，一直被人们广泛关注。随着科技的进步、观测手段的提升，人们逐步认识了大气中存在

> 大 气 圈

着光、电、声现象，并探究其物理本质，科学地应用许多大气光、电、声现象及其变化规律，为大气科学发展及人类社会发展服务。

6.7.1 大气中的光现象

太阳光等自然光在大气中传播时，与大气中的分子、气溶胶、云雾和降水粒子相互作用，发生折射、散射、衍射、衰减等一系列物理过程，产生蔚蓝的天空、早晚的彩霞、变形的日月、闪烁的星光以及海市蜃楼、曙暮光、蒙气差、绿闪、华、虹、晕等五彩缤纷的光学现象。

（1）散射现象

散射现象是指当光束在某种介质中传播时，部分光线偏离原方向而分散传播的现象。产生原因是介质中存在其他物质的微粒，虽然入射太阳辐射是以直线传播的，但大气中的微小尘埃粒子和气体分子会向不同方向散射掉其中部分能量。

天空的颜色可以告诉我们大气中大粒子和小粒子的数量。较多的小粒子产生红色的落日，而较多的大粒子则对所有波长的光具有相等的散射，使天空灰白。所以天空越蓝，说明天空污染越小或空气越干燥。

太阳光看上去是白色的，其实包含了所有颜色的光。较小粒径的气体分子可以更有效地散射可见光中波长较短的蓝色和紫色光，而不是波长较长的红色和橙色光。这一特点导致了天空呈现蓝色而太阳升起与落下时为橙色和红色。晴天，光的波长很容易被大气散射，仰望天空时，除了直视太阳外都可以看到蓝色的天空。

与此相反，太阳在升起和落下接近地平线时看上去格外红，呈现出橙色和红色的色彩。这是由于太阳光在到达眼睛之前所经过的大气路径太长，其中大部分蓝色光和紫色光被散射掉，只剩下波长较长的橙色和红色光。在日出和日落时，云看上去有时呈红色，是因为云被太阳光照射时蓝色波长的光被散射掉。因此，在地球上看到的是蓝天红日（图6.14）。

图6.14　地球上看太阳

与地球不同的是，火星的大气主要是粗粒子，使得波长较长的红光和橙光更容易被散射掉，最终火星上的太阳呈现出偏蓝色，称为"蓝太阳"（图6.15）。同样，在地球表面如果发生沙尘暴，大气中的粗粒子增加后，也可能出现和火星上类似的蓝太阳。

在地球大气中，当较大粒子与霾、雾和烟雾同时存在时，导致大气对所有波长的光具有相等的散射，因此，这种情况下没有任何颜色是占优势的，所以当大气中大粒子很多时，白天的天空就呈现白色或灰色。由于霾、水滴或尘埃粒子对太阳光的散射，我们可以观测到所谓曙暮光的太阳光束。这些

> 大 气 圈

明亮的、扇形光束大多数在太阳光穿过云的间隙时呈现出来,如图6.16所示。曙暮光也可在黎明和黄昏时看到,这时高耸的云体会产生明暗不同的光束(即光线和阴影)。

图6.15　火星上看太阳

图6.16　曙暮光

（2）折射现象

当光线进入透明介质时，未反射的部分会透过介质并产生折射效应。折射是光线倾斜地从一种透明介质进入另一种透明介质时所发生的方向改变现象。光线在真空中大约以 3.0×10^{10} cm/s 的速度传播，而在空气中传播时速度稍慢一点，在诸如水、冰或玻璃中的传播速度要慢很多。光的折射发生在两种介质的交界处。在折射现象中，光路是可逆的。当光从空气射入水时，折射角小于入射角；当光从水中射入空气中时，折射角大于入射角（图 6.17）。

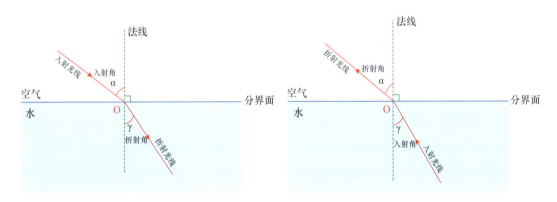

图 6.17 光的折射

下文将介绍几种有趣的大气光学现象。

① 下蜃景

有一种海市蜃楼发生在非常热的天气里，这时地面附近的空气密度比上层空气密度小得多。如前面指出的那样，空气密度的变化会导致光线的弯曲。当光线通过近地面密度较低的空气时，朝与地球曲率相反的方向弯曲。从图

大气圈

6.18可以看到，这种弯曲将使得从远处目标反射的光线从眼睛平面下方到达观察者眼中。因为大脑感知的光的路径是直线，因此所显现的目标就低于其原来的位置，而且常常是倒像，如图6.18中的棕榈树。棕榈树显示倒像是因为来自树顶的光线要比来自树根附近的光线弯曲得更明显。在经典的沙漠海市蜃楼中，迷路和饥渴的旅行者看到了由棕榈树绿洲和闪着光亮的水面组成的景象，在水面上他能看到棕榈树的倒影。虽然树是真实的，但水和反射的棕榈树则是海市蜃楼的一部分。通过上空较冷的空气到达观察者眼中的光线产生了真实的树的图像；反射的棕榈树图像是由来自树的向下传输的光线产生的，而且随着其通过接近地面较热（密度较小）的空气，光线会逐渐向上弯曲；水的图像是由天空向下传输的光线向上弯曲造成的。因此，看到的水面实际上是天空的图像。这种海市蜃楼称为下蜃景，因为其显示的图像低于观察到的目标物的实际位置。

在酷热夏季的高速公路上也会出现下蜃景。在炎热的夏季，高速公路的海市蜃楼是以潮湿区的形式出现的（图6.18），只有当你接近时，才会消失。靠近地面的空气层比上空的空气要热得多，太阳光从较冷的区域（密度较大）进入靠近地面较热区域的空气（密度较小）时，会沿与地球曲率相反方向弯曲（图6.18）。结果，光线从天空开始向下传输时就会被向上折射，其展现给观察者的像水一样的物质实际上是倒过来的天空的图像。你可以证明这一点：下次在观察高速公路海市蜃楼时，仔细观察与看到的"潮湿"区域大约相同距离处的任何其他车辆，这时会看到汽车下面有车的倒像。该倒像的生成与天空倒像生成的原理是一样的。

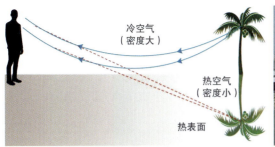

图 6.18　下蜃景

② 上蜃景

除了沙漠海市蜃楼以外，另外一种常见的海市蜃楼发生在地面附近空气比上层空气冷得多的情况里。这种情况在极地地区或较冷的洋面上最为常见。当地面附近空气显著比上层空气冷时，当光线进入较冷的空气层时，其传播速度变慢，光线以与地球相同的曲率弯曲。如图 6.19 所示，这就造成物体显示的位置要隐约高于其真实的位置，这一效应可以让观察者看到本来被地球曲线所遮挡的船舶。这种现象称为幽影，当光线的折射非常明显，足以使目标物在水平线之上悬浮显现时就会发生。与沙漠的海市蜃楼相比，幽影图像是显现在其实际位置之上的，所以被认为是上蜃景。

图 6.19　上蜃景

大气圈

除了容易解释的下蜃景和上蜃景以外，人们还观测到几种更为复杂的海市蜃楼。这些蜃景发生的条件是，大气中形成一种温度廓线，温度随高度迅速变化而引起空气密度的相似变化。在这种情况下，每个热气层都像一枚玻璃镜片。由于每一层空气都会使光线有轻微的不同程度的弯曲，透过这些热气层所看到的物体的大小和形状就会出现明显的畸变。你也许见过在狂欢节上的"镜子房间"（哈哈镜）。一面镜子使你看上去更高些，而其他的镜子则可能拉长或压扁你的身体。海市蜃楼同样可以使物体变形，并且有时还能在荒寂的冰原上或开阔的洋面上形成山丘般的图像（图6.20a）。

改变物体显现大小的海市蜃楼称为高耸蜃景。正如名称所隐含的那样，高耸蜃景会造成比原物体更大的影像。这种光学现象在海岸附近特别常见，因为这里经常出现强烈的温度对比（图6.20b）。一个有趣的高耸蜃景类型称为魔法城堡，这名字源于传说中亚瑟王的妹妹，人们确信她具有神奇的魔力可以建造高耸云天的城堡。除了生成魔法城堡外，海市蜃楼还能解释早年北极探险家看到但从未有资料证实的高耸的山脉。

图6.20 海市蜃景

③ 彩虹和宝光

大气中最壮观、最知名的光学现象可能非彩虹莫属（图6.21）。地面的

第6章 云物理学基础

观察者会看到彩虹像一道拱形的彩色条带穿过广阔的天空。虽然每道彩虹的颜色清晰程度不同,但观察者通常能够看到相当清楚的 7 种颜色组成的色带。最外面的是红色,然后依次是橙色、黄色、绿色、青色、蓝色,最后是紫色。当太阳在你身后、雨滴在你前方时,你就可以看到这一壮观的彩色景观。有时瀑布或草地喷灌器产生的细小雾状水滴也能形成小型彩虹。

我们回顾一下有关折射的知识以便理解雨滴是如何将太阳光变成彩虹的。当光线倾斜着从空气进入水中时,由于其传播速度变慢而产生折射(改变方向)。此外,每种颜色的光,由于波长不同,在水中的传播速度是不一样的,因此,每种颜色的光线弯曲角度会有微小的差别。紫色光传播最慢、折射角最大,而红光传播最快、折射角最小。因此,当太阳光进入水中时,因为折射角不同而自动分散开,形成彩虹(图 6.21)。

图 6.21 彩虹

入射光线与组成彩虹的各种颜色光线之间的角度不同,红光是 42°,紫光是 40°,橙色、黄色、绿色和蓝色光的分散角度介于两者之间。虽然每个水滴分散所有颜色的光谱,但一个观察者从一个水滴只能看到一种颜色。比如,一个观察者从一个特定的水滴看到红色,那么在不同位置的另一观察者

大气圈

从同一个水滴看到的则是紫色（图6.21）。其结果是，每个观察者只能看到他或她"自己的"彩虹，它们是由不同的水滴和不同的光线所形成的。实际上，一道彩虹是通过太阳光线与无数的水滴相互作用产生的，每个水滴就是一个微型棱镜。

彩虹之所以成为弯曲的拱形，是因为彩虹的光线总是以与太阳光路径约成42°的角度到达观察者的。如果太阳高于地平线42°，则地面的观察者就看不到彩虹。在特定条件下，飞机上的乘客或许能看到完整的圆形的彩虹。

当一道壮观的彩虹出现时，观察者有时还会看到较暗的第二道彩虹（也称副虹，霓）。这第二道弯弧将出现在比第一道彩虹高8°的位置并以更大的弧形穿过天空。第二道彩虹的彩色带也要比第一个稍窄些，而且色彩的排列顺序是反过来的，红色在最里面，紫色在最外面。第二道彩虹产生的方式与第一道非常相似，其主要差别是它被分离的光线在离开水滴前要被反射两次，如图6.22所示。这多出来的一次反射使红光的分离角度变为50°（比第一道彩虹红光的分离角度大8°左右），并且使色彩排列顺序颠倒过来。

也正是这多出的一次反射使得第二道彩虹比第一道彩虹更弱（图6.22）。每次光线射到水滴的内表面时，部分光线就会透过反射表面离开水滴，所以这部分光线就"丢失"了，不会再为彩虹的亮度做贡献。虽然第二道彩虹总是会形成的，但它们很少能被看到。人类曾像利用其他光学现象一样利用彩虹来预测天气。下面的天气谚语就是一个例子：

"东虹日头西虹雨；早虹雨，晚虹晴。"

这些天气谚语的根据是，中纬度地区的天气系统通常是从西向东移动的，而且观察者需要背对太阳面向雨区才能看到彩虹。上午看到彩虹时，太阳在观察者的东边，而形成彩虹的云和降水雨滴必然在观察者的西边，雨将自西向东朝观察者移动。就这样,上午的彩虹预报了坏天气。下午,情况正好相反:太阳在观察者的西边,形成彩虹的雨云在观察者的东边,因而在下午看到彩虹时,雨早已经过去了。虽然这个著名的谚语有它的科学基础,但是有时云中的间隙可以使阳光通过而在下午较晚时形成彩虹。这种情况下,彩虹之后可能很快会有更多降雨。

阳光经过小水滴反射和折射形成虹和霓,观察者在特定位置能看到彩虹。

图 6.22 霓虹

彩虹主要是由大气中的大云滴和雨滴作用形成的,而小云滴会产生宝光现象。人在背向太阳时,从小水滴组成的云、雾背景上看到在自己影子周围出现的彩色光环称为宝光。当看到明显的宝光时，可以断定云滴直径小于 50 μm。宝光是一种衍射图像，但形成衍射的光是阳光在水滴中折射、反射，再沿水滴表面传播一定距离后经原方向射出的光，因此被阳光照射后的小水滴就像一个个环形光源，将光向着入射方向（太阳方向）返回，这些返回光的衍射则形成了宝光（图 6.23）。华出现在太阳同侧，而宝光出现在太阳对面，因此又称为"反华"。宝光为一圆环，以某一物体为中心呈现出内紫外红的色彩分布，与虹相似。但是宝光的视角半径通常小于 20°，而虹的视角半径为 42°。最有名的宝光是峨眉宝光，又称为峨眉佛光。峨眉佛光出现在金顶处，当阳光从观察者背后照射至浩荡无际的云海上面时，深层的云层就把阳光反射回来，经浅层云层的云滴或雾粒的衍射分化，形成了一个巨大的彩色光环，在金顶舍身岩上俯身下望，会看到五彩光环浮于云际，自己的身影置于光环之中，"光环随人动，人影在环中"（图 6.23）。

图 6.23　宝光

④ 日晕

日晕，是日光通过卷层云时，受到冰晶的折射或反射而形成的。当光线射入卷层云中的冰晶后，经过两次折射，分散成不同方向的各色光。它的形成与高云有关。有卷层云时，天空中飘浮着无数冰晶。形成晕的四种六边形（六条边）冰晶的基本类型是：片状、柱状、冠柱状和子弹头状。因为冰晶的排列方向是随机的，所以漫射的光线产生了一个以发光体（如太阳或月亮）为中心的近乎圆形的光晕（图6.24）。

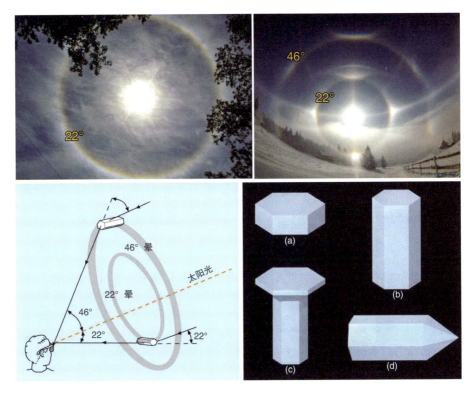

图 6.24 晕

22°和46°晕的主要差别是光线通过冰晶的路径不同。生成22°晕的散射光线只碰到一次界面并且从另一界面离开冰晶，如图6.24所示。其改变的冰晶界面之间的角度为60°，与普通的玻璃三棱镜一样，所以冰晶以类似于三棱镜的方式将光线分离而产生22°晕。相对而言，46°晕的形成是光线先通过晶体的一个界面，然后从晶体的顶部或底部离开晶体。这样，两次光线路径角度的改变是90°，可见通过两次晶体界面的光线的折射角是90°。相对于光源，光线通过冰晶界面改变了90°，其中心正好是46°，所以命名为46°晕。此外，还可以观察到其他类型的晕或局部晕，所有这些晕的形成都与大量冰晶的特殊形状和排列方向有关（图6.24）。

在太阳周围且与太阳在同一圈上的冰晶，能将同一种颜色的光折射，人眼可看到内红外紫的晕环。天空中有冰晶组成的卷层云时，往往在太阳周围出现一个或两个以上以太阳为中心、内红外紫的彩色光环，有时还会出现很多彩色或白色的光点和光弧，这些光环、光点和光弧统称为冰晕。虽然冰晶散射光线的方式与水滴（或棱镜）的方式一样，但晕一般是白色的，不会显示出彩虹的颜色。这一差别主要是因为水滴的大小和形状比较一致，而冰晶的大小变化很大且形状不规则。因而，虽然单个冰晶能以与水滴相同的方式产生出各种颜色的彩虹，但许多冰晶产生的颜色因互相重叠而失去色彩。偶然情况下也会出现一条微红的光带围绕着一个白色的环的现象（图6.24）。

（3）衍射现象

光在传播过程中，遇到障碍物或小孔时，将偏离直线传播的路径而绕到障碍物后面传播的现象，叫光的衍射。光的衍射证明了光具有波动性。由衍射产生的两种光学现象分别是华和五彩祥云。

① 华

华最常以明亮的圆盘形式出现，它以太阳或月亮为中心。当颜色可以分辨出来时，中间为白色圆盘的华有一个或多个环包围，这些环显示出彩虹般的色彩。华的特点是其颜色可能不断重复，而且是少有的在月亮附近出现比在太阳附近出现次数多的光学现象之一。

当一个薄薄的云层，常常是由高层云或卷积云形成的云层遮在明亮的物体（月亮或太阳）上时，就会形成华（图 6.25）。当形成华的水滴（有时是冰晶）较小且大小近乎相同时，光环很容易辨别而且色彩最清楚；由大的云滴形成的光环则颜色较淡或呈白色。

华很容易与22°晕区别开来，因为前者的颜色顺序是蓝白色在内、淡红色在外；而后者的颜色顺序则相反。而且华距发光体的距离要比晕更近。

② 五彩祥云

五彩祥云又称为彩虹云、彩云或祥云（图 6.25），是一种更为壮观和难以见到的光学现象。五彩祥云会在云的边缘出现由明亮的紫色、粉红色和绿

月华

五彩祥云

图 6.25 光的衍射现象

色光组成的彩色区域，最常见于高层云、卷积云或荚状云。常见的五彩祥云例子是肥皂泡和汽油在潮湿地面上形成的薄层所反射的彩色光谱。五彩祥云颜色是由小的、均匀的水滴或偶尔由小的冰晶折射太阳光或月光产生的。欣赏五彩祥云的最佳时间是在太阳躲在云后，或者正好太阳在建筑物、地形遮挡物后下落时。

6.7.2 大气中的电现象

雷电是自然界中一种强大而引人注目的现象，它由电闪和雷鸣组成，通常预示着暴风雨的到来，也可能会给地球的生态环境和人类活动带来很大的影响，甚至重大的灾难和损失。尽管现在已有先进的避雷和雷电探测技术，但雷击每年仍要导致成千上万的人身伤亡。据不完全统计，在我国平均每年就有1000多人死于雷击，受伤人数更多。雷电还能引起森林与建筑物火灾，对航空飞行、通信、火箭和导弹发射等活动也极具威胁。因此，雷电现象的物理机制及其防护问题一直为人们所关注。

（1）晴天大气的基本电特性

晴天大气中，通常存在着大气电场、晴天电流等电现象，但它们往往不易被人们所察觉。

地球 – 大气系统存在着两个良导体，即地球表面和离地60 km以上的大气电离层。这两个导电性能良好的球面之间的大气并非良导体，按电离状态区分，称为中性层。但是，早在100多年前，人们就发现这层空气并不是完全的绝缘体，它具有一定的导电性。现在已经清楚，这种导电性归因于真实

第6章 云物理学基础

大气中许多携带电荷的离子。

大气中离子的产生，是空气分子在宇宙线等外界条件作用下，原来的中性分子（或原子）失去电子而变成带正电的正离子，逃逸的电子与中性分子结合后成为负离子。电离形成的正、负两种离子，一般都带有一个元电荷。

大气离子按体积大小，可分为小离子、中离子和大离子。小离子主要以一个离子化的分子、周围聚集着几个中性分子的形式出现，分子大小为 $10^{-8} \sim 10^{-7}$ cm。一些吸附了小离子从而带上电荷的大气气溶胶粒子，体积较大者称为大离子（约 10^{-5} cm），中等大小的称为中离子（约 10^{-6} cm）。

观测表明，近地面大气中带正电荷的小离子的平均浓度，在海洋和乡村约为 600 个 $/cm^3$，在城市约为 100 个 $/cm^3$，而负电荷的小离子的浓度，一般比正电荷小离子低 20% 左右。大离子的浓度则与大气气溶胶含量有关，可从每立方厘米几百个到几万个不等。大气混浊时，气溶胶中大离子浓度较大。大小离子的浓度存在着制约关系。大离子浓度增大意味着被它俘获的小离子数增多，致使小离子浓度相应减少，城市上空的小离子数比海洋和乡村上空的少就是这个原因。近地层空气中中性分子的浓度约为 3×10^{19} 个 $/cm^3$，远大于离子浓度。显然，近地层空气只是微弱电离的状态。

大气离子在导电方面的一个重要性质是离子迁移率，它是衡量离子在单位强度电场中运动速率的一个参数。大气离子基本上都只带单位电荷，因此，小离子迁移速率要比大离子大得多。一方面大气离子在大气电场中受电场力的作用而加速运动，另一方面，由于不断受到中性大气分子的碰撞，离子最后达到一个稳定运动的速度，这时碰撞损失的能量恰好等于电场力加速所得到的能量。

观测事实表明，一个小离子的寿命通常只有几十秒至数分钟，它会由于

大气圈

正负离子的复合而消失。但大气中的离子数却相对恒定，这表明自然界中存在着源源不断产生离子的电离源。通常用电离率来表征电离源使空气电离的能力，它定义为单位体积和单位时间内空气分子被电离为正负离子对的数目，并以 1 cm³ 空气在 1 s 内产生 1 对正负离子作为电离率的单位。大气电离率随着电离源强度的增强和大气密度的增大而变大。几种主要的大气电离源是地壳中的放射性物质、大气中的放射性物质、来自太空的宇宙线以及来自太阳的紫外线。

在陆地近地面大气中，地壳中的放射性物质（镭、铀等）发射的 β 和 γ 射线起主要离化作用。β 射线在地面上平均离化率为 $1/(cm^3 \cdot s)$，而到 10 m 高度，离化率只有 $0.1/(cm^3 \cdot s)$。在地面 γ 射线的平均离化率为 $3/(cm^3 \cdot s)$，而在 1000 m 高度处为 $0.3/(cm^3 \cdot s)$，随高度大幅度衰减。α 射线的穿透本领较差，对大气的电离作用很小。海洋地壳中放射性物质产生的射线透过海水到达大气时，几乎衰减殆尽。因此，海洋上小离子的形成主要取决于宇宙线。

大气中放射性物质的离化作用，一般说来是较微弱的。然而一些突发事件，如空中原子弹爆炸，可使大气中产生大量放射性物质，从而使大气离子数急剧增加。此外，工业排放的放射性污染物也能对局地的大气电离起重要作用。

不论在陆地还是海洋，高层大气离子的形成都取决于随高度增高而越来越强的宇宙线。宇宙线引起的电离率先随高度递增，约在 12 km 高度处达到最大值，此后高度继续增大时，由于大气密度的降低，电离率反而递减。在大约 30 km 以上的高度，太阳紫外线辐射也是一个重要的电离源。在此高度以下，由于臭氧层对紫外线辐射的强烈吸收，电离作用才变得不重要。另外，闪电、雨滴破碎等，也能产生离子，但它们都是很次要的电离源。一般而言，对流层内最重要的电离源是宇宙线。

观测结果表明，平均而言，晴天大气中的正离子数总是大于负离子数。雷暴活动的结果也使地面带负电荷。因此，存在着由大气指向地面的晴天大气电场，大气相对于地面为正电位。当雷暴过境时，电场方向往往会反转过来。就全球而论，雷暴区所占比例很小，所以晴天大气正电场可以看作是大气的正常带电状态。

实际上天气复杂多变，那么大气电场的变化与云、雾和降水等天气现象密切相关。低云的影响常使大气电场值变小，有时甚至使电场方向反转过来；雾天的大气电场往往较强；下雨和降雪对大气电场的影响更为复杂，常引起无规律的变化；在雷暴、大风雪等某些天气现象来临之前，大气电场还可能有特殊的"先兆"变化。因此，人们建立了一些大气电场的观测站，长期积累大气电场要素资料，寻找大气电场要素与天气过程、气象要素之间的相互关系和变化规律。

如上所述，晴天大气传导电流由大气流向地面。若无其他的补偿电流，地球上的负电荷一定会很快消失。然而真实的晴天电场基本不变。这表明大气中一定存在着与晴天大气传导电流流向相反的电流。观测实验发现，闪电电流和尖端放电电流都属于这类电流。现在普遍认为，主要是四种电流，即晴天大气传导电流、闪电电流、尖端放电电流和降水电流共同维系着大气电场的动态平衡。

（2）雷电现象

气候观测、卫星观测以及电学观测资料表明，在任一时刻，全球表面上连续发展着几千个雷暴。全球每秒有 100～300 次闪电发生，其中约有 20%

大 气 圈

是云地间闪电。在雷暴及其附近地区，地面电场方向常与晴天电场反向。每次云地闪电向地面输送约 20 C 的负电荷。雷暴活动主要出现在低纬度地区，但在两极地区有时也能观测到。地质学资料表明，现在发生的全球雷暴活动可能在地球大气发展的早期就有了。在地质沉积物中所检测到的古代闪电熔岩的年龄已有 2.5×10^8 a。基于这一推测，许多科学家认为在早期大气向现状大气的演变进程中以及在地球生命起源中，闪电都起着重要作用。

近代的卫星闪电探测揭示了许多全球尺度的闪电特性。结果表明，陆上闪电次数比海上要多一个数量级，白天的闪电活动多于夜晚，一年之中夜晚雷暴大多发生在陆地上，北大西洋上空比其他大洋上空有更多的雷暴，闪电发生的地理分布和季节变化是紧密联系的。从冬到夏，闪电多发地从南半球移至北半球；从夏到冬则相反。全年平均，北半球闪电次数明显多于南北球，这是因为北半球的陆地面积大，地形起伏也大。在秋季，闪电活动在南北半球差不多。在冬季，闪电主要出现在南半球，少部分出现在北半球热带海洋上。卫星还观测到一些峰值功率超过 10^{11} W 的超级闪电，其光脉冲持续时间约为 1 ms。1000 次闪电中约有 3 次其光功率超过 10^{11} W，1 万次中有约 5 次超过 3×10^{12} W。这些超级闪电的光辐射功率与中小当量的空中核爆炸闪光基本相当。通常的云地闪电是负电荷对地放电，但是超级闪电则相反，它们一般是云中正电荷对地放电，属于正极性的云地闪电。

闪电指云中、云间或云地之间发生放电时所伴随的强烈闪光。云地之间发生的闪电是最常发生、最重要的一类。当云的下部负电荷积累到一定量时，局部电场强度超过大气的击穿电位（约 30 000 V/cm），因空气电离产生的电子在强电场作用下以极大的速度向下猛冲，与周围空气碰撞，产生连锁式的电子雪崩反应（主雪崩）。电子雪崩过程进行得很剧烈，可使碰撞的原子处于激发态，当这些原子返回基态时，放出光子，而光子又通过光电离形成新的电子雪崩，称为衍生雪崩。主雪崩和衍生雪崩一起形成了迅速发展的电离区，称为流光。流光向下伸展是逐级向下延伸（称为先导）的，当接近地面（约 50 m）时，立即有一光柱从地面而起，与先导会合，并沿先导开辟的路径向上冲，这就是闪电回击，它是闪电的主放电过程。这时，在直径仅几厘米的闪电通道内，通过约上万安培（有的甚至超过 100 000 A）的电流，持续时间约 70 μs，闪电通道瞬间强烈升温，温度高达上万摄氏度，同时发出耀眼的光亮。从先导到回击成为"一次闪击"。在相隔百分之几秒以后，可出现第二次闪击。通常一次闪电由三、四次闪击组成，有的多达几十次闪击。整个闪电的平均持续时间约为 0.25 s，由于人眼视觉的暂留效应，肉眼无法分辨闪电的细微结构。

就雷的本质而言，它属于大气中的声学现象，是自然声源中最响的一种。强大的闪电电流能产生一个高压冲击波，并在远距离上退化成为宏亮的声波，即雷声。由于光比声音在大气中的传播速度快，人们总是看到闪电在先，听到雷声在后。俗语说"迅雷不及掩耳"，紧接着闪电而来的雷响往往猝不及防，震耳欲聋。气象上把闪电和雷声相隔不超过 10 s 的雷暴称为近雷暴（约 3 km 以内），那种猝不及防的雷电，约在 1 km 距离内。

（3）云中起电机制

雷雨云是闪电产生的母体，而雷电发生的一个前提条件是云中存在很高的电场强度。云中雾状水滴之间是绝缘的，但当局域大气电场高达 10^4 V/cm 时，带电水滴间就会因空气介质的强电击穿而发生导电，形成闪电。通常的闪电和雷鸣发生在巨大的云体中。厚度小于 3 km 左右的积状云中很少发生闪电。

大 气 圈

在最大的对流系统（其厚度可达 20 km）中，雷电的活动性最强。因此，雷电形成的核心是雷雨云的形成以及云中的高电场强度的起电机制。

雷雨云的发展通常要有三个基本条件，即非常潮湿的空气、潜在的大气不稳定性以及促使近地面的空气产生上升运动的激发作用。这种作用可以是锋面抬升、风场辐合、日射加热、地形特征等。经常不止一种因素在起作用，锋面雷暴与不稳定气团中发生的雷暴是有些区别的，后者是由日晒或地形特征所激发产生的。

雷电形成的核心是云中起电机制。气温、云高和云滴的相态，似乎都不是云中起电的主要判据。高于或低于 0°C 的云中以及冰晶云中都曾观测到闪电。现在，对于雷雨云起电机制尚无一致意见，但有多种假设，降水起电（感应起电）机制、对流起电机制和温差起电机制是其中较主要的三种。

① 降水起电（感应起电）机制

长期以来一个普遍的看法是，负电荷被下落的云中降水粒子进行选择分离和向下输送，从而形成很强的云中电场强度分布。在晴天垂直电场的极化作用下，云和降水粒子下半部都带正电荷，而上半部带负电荷。极化的云和降水粒子一旦弹性碰撞后再分离，就会产生荷正电的云粒子和荷负电的降水粒子。云中上升气流把荷正电的云粒子带到云上部，荷负电的降水粒子留在云的中下部，或掉出云。但是，这个机制的一个不足之处是，离子捕获机制取决于降水粒子的下落速度要大于局地电场中的离子迁移速度，而在场强大于 10^5 V/m 时，许多离子运动比降水粒子快。

② 对流起电机制

在这一机制中，云中对流运动反抗着电场施加的力，输送和集聚起电的云粒子。最终集聚的正、负离子都取自云外，晴天传导电流（由云上的洁净高层大气流入)将小的负离子携带到云的上表面,云顶上方的大气负离子随下降气流到达云的下部,附到云粒子上并聚集成为云下部的带负电区。在云下方的地表上,通过尖端放电释放的正离子被上升气流带入云的上部,并附着在云粒子上,聚集而成为云上部的带正电区。

对流起电机制要求云内的上升和下降气流同时存在。云内大规模的下降气流一般只在形成大雨的雷暴云的成熟阶段才能出现。因此,这个机制还有待于进一步研究。

③ 温差起电机制

在冰晶中,存在着一些自由正、负离子 H^+ 和 OH^-,其数量随温度升高而增多。当冰晶两端的温度不等时,高温端的 H^+ 和 OH^- 离子数会多于低温端,并向低温端扩散。在扩散过程中,由于 H^+ 离子的扩散速率快于 OH^- 离子,就会引起在低温端 H^+ 离子过剩、高温端 OH^- 离子过剩的现象,于是低温端带正电荷、高温端带负电荷,一旦冰晶断裂就会造成电荷分离。这种现象称为冰的温差效应。

在温度低于 0°C 的雷暴云中,根据冰的热电效应,可以发生碰冻温差起电、摩擦温差起电等。碰冻温差起电是由冰雹粒(或霰)与过冷水滴相碰而发生冻结引起的。由于外部散热较快,水滴降温总是从表面逐步发展到内部,使表面温度低于内部温度,所形成的冰壳的外表面由于热电效应而带正电荷。当冰壳由于膨胀破裂时,飞离的小冰屑带正电荷,而带负电荷的部分仍冻结在霰内。摩擦温差起电是冰晶和霰(或雹块)发生碰撞摩擦时温度升高不均的结果。摩擦面小的一方,温度升高快,带负电;摩擦面大的一方,温度升高慢,带正电荷,两者再分离时,分别带正、负电荷。

雷雨云中起电机制非常复杂,上述几种机制是否反映云中的实际起电过程，哪个机制起主要作用，都还有待研究。

（4）成雷的闪电通道理论

普遍接受的雷声成因理论认为，瞬间发生的强大闪电电流能产生一个极高压力的冲击波，它在远距离上退化成为宏亮的声波，即雷声。阿布拉姆松等人（1947）[1]最先从理论上指出，当气体中发生火花击穿和增温时，会出现等离子体的突然扩张，并伴有冲击波。在闪电通道上，带电水滴间空气介质由于强电场击穿而发生导电，瞬间大量的正负电荷中和，产生大量热量，致使闪电通道中气温达 15 000 ~ 20 000°C，甚至高达 30 000°C，由于升温过程历时很短，闪电通道内气压骤然上升到 10 ~ 100 个大气压，引起高压闪电通道急剧膨胀（膨胀速度可达 10 m/s），产生冲击波，并在远距离逐渐转化为声波，这就是雷声。由于大气对雷声的吸收、散射等衰减作用，雷声传播的距离一般为 20 ~ 25 km，高频雷声的传播距离较短。位于闪电附近的人听到的雷声是尖锐的高频霹雳声，离闪电较远的人则常闻频率较低的隆隆声。

雷也伴有强大的次声波。一些研究表明，雷声中的大多数能量集中在频率小于 5 Hz 的次声波。有学者指出，雷声功率谱在 10 Hz 以下存在平稳的次声峰值强度，即有两个峰值强度：一个在闪电之后 13 s 出现，峰值频率约为 61 Hz，功率水平值为 81 dB；另一个在闪电之后 21 s 出现，峰值频率约为 5 Hz，功率水平值为 83 dB。前者为可闻的声波，后者为次声波。一些研究表明，次声可能是与产生雷的热通道机制完全不同的第二类机制产生的。但是，这两类机制的直接证据是什么？它们对观测到的雷声的压力

---

[1] ABRAMSON I S, GEGECHKORI N M, DRABKINA S I, et al. On the channel of a spark discharge, Zh. eksp. teor. Fiz.. 1947, 17: 862-867.

变化的贡献又如何？这些问题现在仍然悬而未决。

（5）闪电的类型

依据闪电的形状、云中的电荷特性和空间位置，闪电通常有三种分类方法。

按表现的形状分类，闪电可分为线状闪电、带状闪电、片状闪电、联珠状闪电和球状闪电。其中线状闪电最常见，其特征是多分叉。线状云地闪电通常具有几次放电过程，一次称为一次闪击。带状闪电的宽度比线状闪电大几百倍，可达十几米宽。形如火球的球状闪电较少见，其直径介于 $1 \sim 100$ cm，一般为 $10 \sim 20$ cm。球状闪电常以 $1 \sim 3$ m/s 的速度飘动，能从窗户、烟囱钻进屋内，缭绕飘动片刻后，伴随着一声爆炸而消失。

雷雨云下部通常荷负电，而上部荷正电。因此，由常见的云中荷电极性来定义雷电流的极性时，云中正电荷对地的放电称为正闪电，而云中负电荷对地的放电称为负闪电。正闪电时正电流由云流向地，负闪电时的电流则为负电流。多数闪电为负闪电，但是超级闪电通常是云中正电荷对地放电，属于正极性的云地闪。

按闪电的空间位置分类，则可分为云内闪电、云际闪电、晴空闪电和云地闪电。前两种合称为云闪，不仅对航天、航空有危害，云闪产生的电磁脉冲辐射对通信和微电子技术设备也会产生影响。第四种是发生在云与大地之间的，又称地闪，与人类的关系最为密切，是防雷研究的主要对象。每次人眼见到的分叉很多的线状闪电，其实包含几次火花放电，每次闪电间隔时间为几分之一秒，人眼由于视觉暂留效应是无法区分的，但是用转动照相技术，可以从照相底片上看出每次闪电的实际组成的火花放电次数。

大气圈

地闪,特别是其中的线状闪电,是最常出现、对人类的危害最大的一类闪电,对它的研究也较充分。地闪通常包含先导闪击、返回(主要)闪击和后继闪击几个过程。

云地放电形成的先导是从云中电荷中心伸向地下所感应的电荷。最大电场强度出现在云体下边缘或很高的接地物体处,这就引起从云到地的向下放电,或从接地物体向云体发展的向上先导。向下先导由云中伸向地,向上先导则由地伸向云中。向上先导是来自地的放电,它与向下先导会合,并使其向地泄放。先导的极性可用所携带电荷的极性来定义,或由电流极性来定义。向下先导借助正电流把正电荷由云中向下输送,或借助负电流把负电荷由云中向下输送。因此,这类先导的电荷和电流的极性总是一致的。但是,向上先导的电荷和电流极性刚好相反。

多数情况是向下先导来自负极性云体,紧接着出现回击,这已被普遍认为是地闪的结构。因此,无回击的闪电就十分引人注目,它仅在如上海中心大厦那样高的建筑物才可能被观测到。

从先导闪击至回击,形成一次完整的放电过程,称为一次闪击。在这一过程中,由于部分正负电荷的中和,云地间的电场减弱。云内电荷分布经调整后可能使该电场重新加强,并激发后继先导和后继回击。这种过程可反复多次,但逐步减弱。一次地闪最多可有20多次闪击,但一般只有2～4次,每次闪击的时间间隔约50 ms。

云闪即通常指的云内放电、云间放电、云空放电等。云内放电发生在云中极性相反的电荷之间。这类放电可以纯粹是云内放电,也可向地发展成地闪,这取决于云体离地高度和云地间的瞬时电场变化。当局域的大气电场高达 10^4 V/cm 时,带电雾滴间就会出现空气介质的强电击穿而发生导电,并发出光，称为流光。云闪一般是从正电荷中心向下方发出初始流光，将到达负电荷中心时，从负电荷中心发出不发光的负流光，沿初始流光通道反方向进行，最终两个电荷中心联通，在这瞬间将出现持续时间约 1 ms 伴有明亮发光的强放电过程，它中和初始流光所输送并储存在通道中的电荷，该过程称为反冲流光过程，它的传播速度比初始流光要高 2 个数量级，约为 10^7 cm/s，峰值电流可达 10^3 A，它可中和电荷为 0.5～3.5 C。从地面看到的云闪常是片状，因为包括云层对流光的反射光。

关于云闪和地闪的研究，对大气物理学家和气象学家来说是同等重要的。因为这些研究有助于改进雷雨云中电荷分布的简化模式，还有可能进一步揭示云中电荷的分离机理。

（6）闪电探测与防护

全球和区域性的雷电时空分布的实时监测资料，对于许多实际应用和科学研究，如雷电灾害防护、强对流天气监测和预报、大气电场研究等，都是极有价值的。因此，几十年来，不仅地基闪电探测技术，连卫星闪电探测技术都有很大的发展。对在雷电发生时产生的非常丰富的声、光、电信息的探测，构成现在的地基和空间雷电探测的基础。地基雷电探测常用两种仪器，闪电计数器和雷电定向仪，两者都通过检测电场脉冲探测闪电，前者记录本站附近闪电的频数，后者观测大区域内雷暴活动的分布。监测全球雷电分布的最佳平台是空间平台。现已上天的闪电光学探测器可以概括成如下几类：① 光度计；② 扫描辐射计；③ 硅光电管阵列探测器；④ 摄影机；⑤ 闪电图像仪。

雷击会对人的生命造成威胁。雷击会使人的心脏停止供血，进而导致心脏停止跳动；雷击还会使人呼吸停止，造成短暂的昏迷或死亡；雷击对人的

大气圈

神经系统也有影响，导致人的肌肉及神经失调；雷击还会对人体产生热效应，因为雷击产生的瞬间脉冲电流通过人体，会使人体上下产生很高的电位差。闪电电流所产生的热量会造成人体的灼伤甚至致人死亡。

雷电灾害不仅对人的安全造成威胁，而且还会对森林、建筑物等人类财富和设施造成损害，有时还会引起火灾，因为闪电不仅具有很强的电动力效应、光辐射效应和冲击波效应，而且还具有很强的热效应和机械效应。闪电在流过被击中物的过程中所产生的焦耳热，会使被击中物剧烈膨胀而被劈裂。闪电所产生的高电压会直接导致电气设备损坏。闪电的静电感应效应和电磁场效应会对配电系统、电气设备和电子设备造成破坏。因此，闪电的防护技术对避免雷电灾害十分重要。

早在18世纪，美国科学家富兰克林研究了电荷分布与带电体形状的关系，揭示了尖端放电现象，并由此发明了避雷针。他还冒着被雷击的危险，做了著名的风筝探测雷电实验。此后，人类通过长期的探索和实践，对闪电这种自然现象有了进一步的认识，总结出了一些行之有效的防护技术措施，以保护人类和各种设施免遭雷电的袭击。这些技术措施主要是：

① 搭接技术。把各种金属物用粗的铜导线连接起来，以保证等电位。

② 避雷针技术。避雷针由引电器、导电杆和泄电器组成。引电器为一个金属尖端，安置时使其远高出建筑物顶。它可以将闪电引向尖端，以避免闪电对建筑物的打击。导电杆将引电器中的闪电电流导入泄电器中。泄电器埋入地下，将闪电电流传导到大地中。

③ 分流技术。把进入室内的导线并联上避雷器，并接上地线。它的作用是把循导线传入的过电压波经避雷器分流入地，以保证室内人和电器设备的安全。

④ 接地技术。它是以上三个措施的基础，接地的恰当与否是防雷技术的一个关键。

⑤ 屏蔽技术。就是用金属网、箔、壳、管等导体把需要保护的对象包围起来，并妥善接地。它起到了把闪电的脉冲电磁场从空间入侵的通道阻隔起来的作用。

在实际应用中，可以根据实际情况，将以上五种技术措施结合起来，以达到保护人类和各种设施免遭雷电袭击的目的。

6.7.3 大气中的声现象

声波在大气中传输时与大气相互作用而产生各种声波传播效应，主要包括衰减、吸收、散射、折射和频散等。研究大气中声波传播规律，可为有关大气的声学工程提供基础和依据，还可用来探测大气结构（特别是边界层结构）和研究大气物理过程。大气声学作为大气物理学的一个重要分支，主要研究源于大气的声波产生机制、声波在大气中的传播规律以及基于这些规律的遥感应用。

我们生活的世界充满着各种各样的声音，其声源可分为人工声源和自然声源两类。人工声源包括人工爆炸声，各类车辆、机器以及人类活动产生的种种嘈杂声等。自然声源包括火山喷发、流星穿入大气、海浪和地震激发起的大气声波，风和地表的摩擦发声，鸟类鸣叫、野兽咆哮等动物的声音，强风暴系统中大气运动引起的湍流发声、对流发声、雷声以及极光发声等。

人的耳朵是很灵敏的声音接收器官，它能听到振动频率为 20 Hz ～ 20 kHz 的声音。频率低于人的自然听阈（约 20 Hz）的声波，称为次声波；高于

大气圈

20 kHz 的声音，人耳也听不到，称为超声波。大气中自然声源发出的声波具有极宽的频谱，其高频达 $10^2 \sim 10^3$ Hz（雷声频谱的高频端），低频端的周期达几分钟。大部分自然声源主要产生次声波。次声波是一类空气压缩力和重力共同参与作用的声重力波。由于次声波波长很长（大于 30 m），大气分子和气溶胶粒子对大气中次声波的衰减非常微弱。在对流层中，波长大于 1 km 的次声波，能够传播数千千米而无显著损耗。例如，1883 年东印度群岛喀拉喀托（Krakatau）火山猛烈喷发产生的次声波环绕地球传播几圈以后，还可以应用气压表检测到源于这一扰动的声压。由于次声波的这一重要特性，加上它与自然界中许多地球物理现象和大气过程的千丝万缕的联系，关于次声波的研究备受人们关注，基于这一特性的次声遥感是监视核试验的一种有效手段。

核爆炸、大量的火药爆炸以及火箭发射和大型喷气飞机发动机运转等都是重要的人工次声源。自然界中也有各种各样的次声源：有脉冲性的次声源，如火山喷发、流星坠落、地震等；也有连续性的次声源，如海浪等。

火山喷发、地震、极光、海浪等都是与地球物理现象紧密相连的次声源。这些自然次声波的周期范围为 0.5～1500 s，持续时间从几秒到几天（海浪）不等。次声波的周期变化范围相当大，但典型的周期为 12～60 s。

一些观测表明，强对流风暴等强烈天气过程也能激发次声波，其持续的典型时间是几小时。关于强烈天气激发次声波的机制，已进行了大量的研究，有多种假说，包括强湍流引发次声，闪电声辐射、对流层顶以上的积云单体内平均气流扰动产生次声和浮力振荡产生次声三种假设。这些假设都有待进一步研究。

声波是纵波，它在大气中传播时，在干空气中，温度越高，声波传输速度越大，大约温度升高 1°，声速增加 0.61 m/s。在湿空气中，声速的大小除了受决定性因素——温度影响外，还受到气压的影响。同时，风对声速的传播也存在显著影响：顺风的时候，声速变大；逆风的时候，声速变小。

声波和光波一样，在不同介质的界面上，将发生折射现象。因为声音在大气中的传播速度依赖于大气绝对温度、水汽压和密度，特别是温度。而大气中的温度分布不均匀，大气中的声速随高度变化，使声波的传播方向改变，即声射线弯曲。它和光波一样，服从如下的折射定律：

$$\frac{\sin(\alpha_1)}{\sin(\alpha_2)} = \frac{c_1}{c_2}$$

式中，α_1 和 α_2 分别为入射角和反射角，c_1 和 c_2 分别为声波在气层介质 1 和介质 2 中的传播速度。

因此，对于炸药爆炸、火山喷发、炮火射击等强大的声源，虽然它们发出的巨响可以传播很远，但在距声源较近的地方反而可能听不见声音。此外，听到爆炸声的可闻带与听不到爆炸声的不可闻带还可能是相间分布的。根据声波在大气中传播时随距离增大而衰减的规律，在不可闻带之外就不应该再听到爆炸声。

假设如下的大气状态：近地面气温随高度增加而递减，但上空有逆温层。在这种情形下，声波在大气中传播速度必然先随高度增加而递减，但在逆温层中随高度增加而增大。再根据声音折射规律，从地面传播出去的声射线，先是向上弯曲进入逆温层后，又向下弯曲折射回地面。结果将在声源附近的正常可闻区以外出现无声区，而在比无声区更远的地方，又出现能听到声音的异常可闻区。若从异常可闻区的地面上反射的声波还具有足够的强度，那么它还能继续向前传播，形成新的无声区和可闻区。这就是为什么会出现声

大气圈

音反常传播的现象。这种现象是声波折射的一个特例,也称为"自然波道"传播。

除了由于温度和水汽分布不均匀造成的折射效应外,由于风的作用,实际声射线方向将是声速和风速的矢量和,由此引起进一步的射线弯曲,并使顺风和逆风传播时声波产生不同的弯曲。这就造成地面各方向上异常可闻区边界相对于声源的不对称性。此外,在一定的大气层结条件下,可能出现一层大气,如近地强逆温的情形,使相当部分声波集中于该层中传播而减少逸散,称为声波导。

声波在大气中传播时,像光波一样,通常按指数律衰减。从声源发出的声波是球面波,声的能量随传播距离的增大被分配到越来越大的球面上,声强与离开声源的距离的平方成正比。

(1)空气分子对声波的吸收

空气分子的黏性可使声波传播时所引起的空气运动受到阻力,声能用于克服摩擦力而转变为热能。黏性越大,声频越高,声波的衰减越大。声波作为一种纵波,在空气中传播时,能使气体介质不断发生疏密相间的变化。气体压缩致密时会增温,膨胀变疏时会降温,各部分之间因此形成温差。由于空气的热传导,热量从高温处向低温处输送,这些能量不能再还原为声波机械振动,从而造成声波衰减。显然,分子的黏性和热传导作用能使部分声能转变为空气的热能,这种吸收称为经典吸收。

从实验中还发现了一个不能用经典空气吸收理论加以解释的事实,即空气湿度对声波的吸收系数有很大影响。这一事实导致一种新的空气分子对声波的吸收机制的发现。在分子振动能级引起的衰减中,被激发的氧和氮的振动能由于和水汽分子的振动能级相近，产生了能量转移，最后被激发的水汽分子产生红外辐射而消耗了声能。这一分子吸收衰减与声波频率和大气中水汽含量均有密切关系。对相对湿度不同的大气，声波的衰减系数随声波吸收频率的不同而有所不同，但都存在明显的峰值，峰值衰减系数较经典吸收大1～2个数量级。

（2）散射衰减

大气中的湍流现象，由温度、湿度和风速等的不均匀分布引起，这些因素的随机变化会导致声波在传播过程中经历复杂的时空变化。具体来说，声波在大气中的传播速度会因为这些小尺度的脉动而发生波动，进而影响声波的波阵面，使其产生不规则的畸变。随机性波阵面的相干效应使部分声波能离开原传播方向而散射，导致声波衰减。衰减量与大气湍流状态密切相关，声波的散射强度和方向分布取决于大气湍流的强度和频谱特征。强湍流时的声波散射衰减和分子振动衰减同量级。频率越高，声波散射越强，衰减也越大。

（3）云雾和气溶胶吸收衰减

云雾对低频声波和次声波有不可忽略的衰减作用，这类声波能引起云雾滴和空气中的水汽之间较强的热量交换、动量交换、质量转移和潜热释放。声波在雾中传播时，波动伴随的介质压缩和膨胀相间的变化会引起增温和降温，从而导致雾滴的凝结和蒸发，声波的能量部分转化为热能。这种效应在16 Hz声频附近最为明显，频率很高或很低时不明显。

大气气溶胶粒子在声波的作用下发生振动，空气介质和气溶胶之间要发

大 气 圈

生相对运动，相互间的内摩擦使部分声能转化为热能，由此引起的吸收系数与气溶胶粒子大小和密度成正比，并随频率的增大而变大。对次声波，频率很小，气溶胶的吸收作用可以忽略。因此，晴天大气条件下，次声波衰减很小，可传播数千千米。

（4）大气声波频散

不同频率的声波在大气中具有不同的传播速度，因而在大气中传播的次声波会产生频散。特定的大气温度层结和风结构对各种频率和各个方向传播的次声波具有选择作用，即只允许某些频率的次声波作远距离传播，其余频率的声波分量的传播则受到强烈抑制。次声波的频散，在探测人工和自然声源以及解释声信号特征方面，都是十分重要的。研究大气中声波传播规律，可为各类大气中的声学工程提供基础，还可用来探测大气结构和研究大气物理过程，特别是研究大气边界层结构、强对流的发生和发展、上下层大气耦合过程等。

第 7 章

中高层大气简介

大气圈

7.1 中高层大气结构
Structure of the mid-upper atmosphere

地球自转以及不同高度大气对太阳辐射吸收程度的差异，使得大气在水平方向比较均匀，而在垂直方向呈明显的层状分布，故可以按大气的热力性质、电离状况、大气组分等特征分成若干层次。最常用的分层法有以下几种：① 按大气温度随高度的变化特点，把大气层分成对流层、平流层、中间层、热层和逃逸层；② 按大气成分，把大气分为均匀层和非均匀层（也有称均质层和非均质层）；③ 按大气电离现象，分为中性层、电离层和磁层。

中高层大气一般指从平流层上部到几百千米的地球中性大气，是中层大气和高层大气的统称，包括平流层、中间层和热层的部分（图7.1）。中高层大气虽然比较稀薄，却占有非常巨大的体积，且存在非常复杂的化学与动力学过程，这些过程与人类的生存、发展以及航天和军事密切相关。作为日－地系统的一个重要环节，中高层大气吸引了大气科学家和空间物理学家的共同关注。其中热层是中高层大气中重要的一部分，通常指 80～800 km 的大气层。热层的温度随高度的增高而急剧增加。然而在 120 km 以上，地球大气的湍流混合作用停止，大气趋于扩散平衡。热层的能量一方面来源于太阳X射线辐射和极紫外辐射（EUV），另一方面来源于电离层中性成分与带电粒子相互作用产生的焦耳热。高层大气还有一个区域

第7章　中高层大气简介

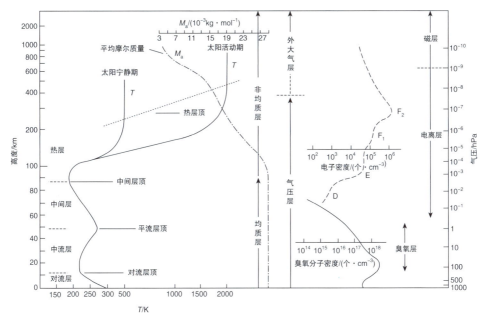

图 7.1　大气分层图

与热层基本处于同一高度范围，在这一高度上的大气受到太阳高能辐射以及宇宙线的激励而处于部分电离的状态，称为电离层。一般认为热层是指中性粒子部分，而电离层是指大气被电离后形成的带电粒子部分。在电场或磁场的作用下，电离层中的离子和电子会与中性粒子发生碰撞。低热层高度上的离子与中性粒子碰撞频繁，紧紧跟随中性粒子运动。在 150 km 以上的高度，大气变得稀薄，离子与中性粒子的碰撞频率低于其磁回旋频率，离子的运动倾向于受到电磁场的控制。而在 90 km 以上的所有高度，电子与中性粒子的碰撞频率均低于其磁回旋频率，所以电子的运动受电磁控制。因此，在 90 ~ 150 km 的高度带电粒子以特殊方式运动，其中离子是非磁化的，几乎和中性粒子一起运动，而电子则是磁化的，其运动不受中性粒子控制。这一奇特情形会产生电流，且在中性和带电粒子分布不均匀的时候，

> 大 气 圈

还会因极化而产生静电场。这种准静电场的产生使电流无散条件得到满足。因此,90～150 km 这一特殊区域称为"发电机区域"。

高空大气中,除中性大气以外,还有因太阳辐射的光致电离作用而产生的离子和电子,使荷电粒子对中性粒子密度之比随高度增加而增加。由于高空粒子稀少,碰撞概率极小,故这些荷电粒子受地球磁场的控制作用也随高度增加而增加。依据不同高度大气的电磁特性,可分成电离层和磁层。电离层以下也可称为中性层。

7.1.1　电离层

电离层是指地球大气层中,受太阳高能辐射以及宇宙射线的辐射而电离的大气高层。这一区域从离地面约 50 km 开始,一直伸展到约 1000 km 高度的地球高层大气空域。大气的电离主要是太阳辐射中的紫外线和 X 射线所致,地球高层大气的分子和原子,在太阳紫外线、X 射线和高能粒子的作用下电离,产生自由电子和正、负离子,形成等离子体区域,即电离层。

电离层通常可以按照电子密度随高度的变化来划分其结构,主要分为以下几个层次:自下面上依次称为 D、E、F 层。由于电子密度在 90 km、100 km、300 km 处有峰值,且在 300 km 处电子密度最大(图 7.1),因此依次向上称为电离层的 D 层(60～90 km)、E 层(90～140 km)和 F 层(140～500 km 或 1000 km),其中 F 层在白天还分为 F_1、F_2 两个层。由于电离需要太阳直接辐射,因此,白天和夜间的离子密度有所不同,尤其在 D 层和 E 层,它们夜间消失,白天又形成。但是,最高的上层在白天和黑夜都存在,因为 F 层大气稀薄,电子、离子不会像低层密度较大的空气那样容易碰撞、复合，所以这一层的电子、离子密度变化幅度小。夜间虽变弱，但仍然存在。夜晚，光致电离作用停止，较低的 D 层和 E 层内的大多数电子和离子复合，D 层消失。

电离层对电磁波的传播有重要影响，这是因为电离层对电磁波会发生吸收、反射和折射作用。电离层各区的高度、厚度和电子密度有明显的日变化、季节变化和纬度变化。无线电波可以借助地面和电离层之间的多次反射而实现其远距离传输，从而使我们可以接收到好几百千米远处的电台。但有时夜间能收到的电台，第二天白天却消失了，这是由于白天被上层反射的电波有一部分被 D 层吸收掉了，而夜间 D 层不存在。太阳活动对电离层有很大影响，突出的是电离层突然扰动和电离层暴。在此期间，电离层的正常状态被破坏，直接影响中、短波的无线电通信。

7.1.2 磁层

磁层起始于 500～1000 km，其外部边界称为磁层顶。由于电离层 F 层以上的电子密度随高度递减，在这个高度上的带电粒子和中性气体粒子之间很少有碰撞机会，相互作用很小，所以带电粒子愈来愈受地球磁场的控制，并沿着地球的磁力线作回旋运动。

在强大的太阳风影响下，磁层的结构极不对称。太阳风是太阳向外喷射的高能等离子流，到达地球附近时速度可达 300 km/s，太阳活动激烈时，速度高达 1500 km/s。地磁场近似于一个与地轴倾斜成 11°的中心偶极子磁场，由于太阳风和地磁场的相互作用，改变了地磁场的对称分布，向日面地磁场被压缩，几乎成一球面形；背日面地磁场被向后拉得很长，形状近似圆柱体，称为磁尾。因此磁层顶在向日面离地心约 10 个地球半径，在背日面达几百个至上千个地球半径，整个磁层的形状像一颗彗星。太阳风无法进入磁层，只能绕着磁层顶的外侧连续流动，被迫改变运动方向，因此磁层是一个保护地球的天然屏障。

少量太阳风粒子能从磁层最弱的磁隙区进入地球磁极附近，冲击高层大气，使分子或原子受到激发；被激发的原子、分子通过与其他粒子碰撞或自身辐射回到基态时发出可见光，即造成了白天的极光。有的太阳风粒子绕到磁尾才能进入磁层，然后到达磁极附近冲击大气，造成夜晚的极光。因此极光分布在地磁的两极周围，形成一个椭圆形地带，称为极光卵形带。有太阳活动时，太阳风的强度增强，极光出现的次数就多。

部分太阳风的高能粒子和宇宙的带电粒子落入磁层后，在洛伦兹（Lorentz）力作用下，围绕地磁场的磁力线作螺旋运动。大量高能带电粒子在相似的轨道上沿磁力线在南北半球之间往返运动，形成了强辐射带。这个强辐射带是 1958 年范艾伦（Van Allen）在分析"探险者 1 号"及"探险者 3 号""探险者 4 号"的卫星资料时发现的，因此被称为范艾伦辐射带，也称为地球辐射带。它们近似于套在地球赤道周围的两个圆环，环的截面呈新月形，平行于地磁纬度，内辐射带距地心 1～2 个地球半径，外辐射带距地心 3～4 个地球半径，范围较大。内辐射带的强度稳定、少变，其高能粒子大多是质子，是宇宙线与空气分子碰撞产生的中子上升到磁层后蜕变成的质子和电子。外辐射带的高能粒子主要是来自太阳风的电子，其强度随磁暴而变化。

磁层和辐射带保护了地球上的生物免受太阳风和宇宙线的袭击，是地球上的生物得以生存和繁衍的一个重要条件。

第 7 章 中高层大气简介

7.2 中高层大气光电现象

Photoelectric phenomena in the middle and upper atmosphere

7.2.1 极光

极光是高层大气中的发光现象，来自磁层或太阳的高能带电粒子注入大气时，撞击大气中的分子或原子，传递给它们能量来激发它们发光。特定种类的分子或原子发出的光具有特定的波长，所以极光具有红、绿等颜色（图 7.2）。

图 7.2　极光

电离层对每天的天气几乎没有影响，但这一层大气却是自然界最壮观的景象——极光出现的地方。北极光和南极光可以呈现出丰富多彩的形态。极光有时表现为向上飘动的彩带，有时像一个个扩展开的发光体，有时又像一个平静得如同绚丽夺目的雾一般的光晕。

极光的出现与太阳耀斑活动的时间和地球磁极地理位置密切相关。太阳

大气圈

耀斑是发生在太阳上的巨大的能量活动，它放出巨大的能量和大量快速运动的粒子。当这些能量和物质接近地球时，携带大量能量的粒子向地球磁极运动，随着粒子撞击电离层而激发氧原子和氮分子使之发光成为极光。由于太阳耀斑的发生与太阳黑子活动密切相关，所以当太阳黑子数最大时极光最为壮观。

7.2.2 气辉

气辉是地球高层大气吸收太阳紫外线辐射，通过光化反应、光电子碰撞等过程激发原子和分子的发光。它是高层大气的微弱发光现象，可出现在全球任何地方的上空，但亮度要比极光弱得多，肉眼不易看见。根据日照情况，可分为日气辉、曙暮气辉和夜气辉。气辉有季节性、周期性变化，在全球晴夜都可看到，有各种颜色，在地平处较强（图 7.3）。

图 7.3　气辉

气辉现象是瑞典科学家安德斯·埃格斯特朗在 1868 年首先确认的。白天太阳的电磁辐射激发大气中的大气分子或原子，使其失去一个或是更多电子，分子分离为原子，将分子或原子的稳定状态激发至较高的能态，或是使分子振动起来。到了夜间，这些处在较高能态的分子或原子就会跃迁回基态，此时释放出来的一定波长的光引起发射和散射，从而造成了微弱辉光辐射。常见的气辉辐射特征是由化学反应产生的，因其参与作用的成分和过程的不同而呈现不同的色彩，过程中辐射强度受到大气温度和相关大气成分密度的影响。地球的大气层中，由于气辉这一独特的光学现象的存在，使得即使在没有星光和散射阳光干扰的夜空中，也依然保持着不完全的黑暗状态。在白天由于阳光的散射，这种现象不会被注意到。

7.2.3 磁暴

磁暴，也称为磁层暴或地磁暴，是地球磁场受到外部扰动后，引发地球磁场发生强烈变化的现象。这种扰动主要由太阳活动引起，特别是太阳风中的带电粒子进入地球大气层时，会引起电离层扰动，进而导致地磁场的强度和方向发生急剧而不规则的变化。

磁暴是一种剧烈的全球性的地磁扰动现象，是由太阳爆发活动产生的日冕物质抛射和太阳风高速流与地球磁层相互作用引起的。大量的能量和粒子通量通过太阳风-磁层耦合进入磁层，使地球磁场在短时间内发生剧烈的变化。这种磁层发生的剧烈扰动会持续十几个小时到几十个小时。太阳风能量的注入导致环电流增强，环电流产生的磁场抵消部分地磁场，使地磁场的水平分量显著减小（图 7.4）。

大气圈

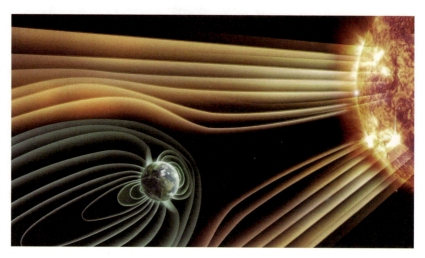

图 7.4　磁暴

7.2.4　电离层暴

剧烈的太阳活动可能引起磁暴，使地球空间环境发生强烈扰动。伴随着磁暴的发生，在全球范围内电离层各层都相继出现剧烈的变化，表现为电子密度、F_2 层临界频率和总电子含量等电离层参量对平静日均值的显著偏离，即电离层暴，能严重影响甚至截断依赖电离层传播的短波通信、导航定位等。

自 1935 年首次发现电离层暴现象以来，大量研究结果使人们对电离层暴随太阳地磁活动、经纬度和季节变化的统计形态有了基本认识。然而，电离层暴的影响因素众多，不同位置各因素的影响程度差别很大，使得电离层暴的分布规律不具有普适性。

第 8 章

大气化学

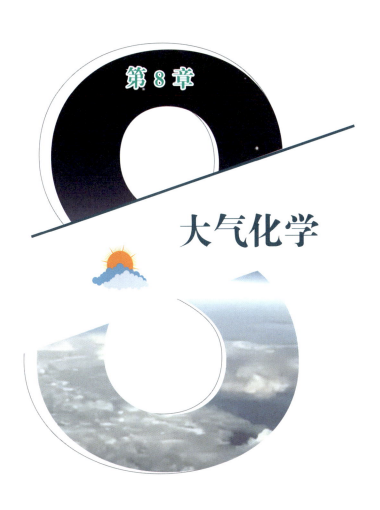

> 大气圈

8.1 大气成分浓度和停留时间的表示方法
A representation of the concentration and residence time of atmospheric components

在地球系统中，大气层扮演着至关重要且极为活跃的角色。大气中众多关键成分在它们的源和汇之间持续进行着交换。因此，当我们探讨大气中的任何一种成分时，首先需要理解两个关键概念：浓度和平均停留时间。浓度是指某种成分在整个大气中所占的相对比例；平均停留时间（或称为"寿命"），表示该成分的所有分子完成一次全面更新所需的时间。

8.1.1 浓度及其表示方法

时间衡量，通常短则秒、分钟、小时、天，长则百年、千年、百万年、亿年甚至十亿年。浓度的衡量却是相当多样的。由于不同物质在地球上的赋存形式和含量差异巨大，所以对不同物质进行研究时往往会使用不同的浓度计量方法。

（1）混合比

混合比是表示大气成分含量最常用的方法，包括质量混合比和体积混合比，体积混合比也称为体积分数。对于理想气体，混合比不因混合气体温度和压力的变化而变化。

百分率是最常用的混合比，但是由于大气中一些微量或痕量成分含量极其微小，常常低于百分率所能表示的范围，因此，为了更精确地描述这些成分的浓度，我们还需采用更精细的混合比表示方法。

常用的混合比有以下几种：

① ppm，即 $\times 10^{-6}$，表示百万分率，即 1 ppm 等于一百万分之一。通常用 ppmm 和 ppmv 或用 mg/kg 和 mL/m^3 分别表示质量混合比百万分率和体积混合比百万分率。

② ppb，即 $\times 10^{-9}$，表示十亿分率，即 1 ppb 等于十亿分之一。通常用 ppbm 和 ppbv 或用 μg/kg 和 μL/m^3 分别表示质量混合比十亿分率和体积混合比十亿分率。

③ ppt，即 $\times 10^{-12}$，表示万亿分率，即 1 ppt 等于一万亿分之一。通常用 pptm 和 pptv 或用 ng/kg 和 nL/m^3 分别表示质量混合比万亿分率和体积混合比万亿分率。

（2）物质质量分数

大气中气溶胶粒子或者一些弱挥发性气体成分的浓度，常用单位体积空气成分的物质质量分数来表示。常用的单位有 mg/m^3、μg/m^3、ng/m^3 等。因为观测时所采集气体样品的体积随着温度和压力的变化而变化，所以用这种方法表示的浓度会因观测时的大气状态不同而不同。因此，为了确保观测数据的可比性，我们通常会将观测得到的浓度值进行标准化处理。这一过程涉及将实际观测时采集的样本体积，转换为在标准大气压和温度条件下的等效体积。通过这种转换，能够计算出在标准状态下的浓度值。

按照组分的浓度，可以把大气成分分为三大类：

① 主要成分，其浓度为混合比百分率量级，它们是氮气（N_2）、氧气（O_2）和氩（Ar）；

② 微量成分（有时也称为次要成分），其浓度介于 1 ppmv ~ 1%，包括二氧化碳（CO_2）、水汽（H_2O）、甲烷（CH_4）、氦（He）、氖（Ne）、氪（Kr）等；

③ 痕量成分，其浓度在 1 ppmv 以下，主要有氢气（H_2）、臭氧（O_3）、氙（Xe）、氧化亚氮（N_2O）、一氧化氮（NO）、二氧化氮（NO_2）、氨气（NH_3）、二氧化硫（SO_2）、一氧化碳（CO）、二甲基硫 $[(CH_3)_2S]$、氧硫化碳（COS）、硫化氢（H_2S）、非甲烷烃（NMHC）以及气溶胶等。此外，在大气中，还存在一些原本并不自然存在、而是由于人类活动而产生的污染物。这些污染物的浓度目前普遍处于 pptv 量级，如氯氟烃（CFCs）、氢氟碳化物（HFCs）、全氟碳化物（PFCs）和六氟化硫（SF_6）等。

8.1.2　平均停留时间

物质从排放源产生到经化学反应或沉降去除，中间有一段在大气中停留的过程。定义某物质从进入大气后到被清除之前在大气中停留的平均时间（经化学转化为其他物质算作被清除）为该物质的大气寿命，也称停留时间。

在大气化学研究中，也经常按大气成分的寿命把它们分为三类：

① 基本不变的成分，或称为准定常成分，如氮气、氧气和几种惰性气体，其寿命大于 1000 年；

② 可变成分，包括二氧化碳、甲烷、氢气、氧化亚氮和臭氧等，其寿命

为几年到十几年不等；

③ 变化很快的成分，包括水汽、一氧化碳、一氧化氮、二氧化氮、氨、二氧化硫、硫化氢、气溶胶等，其寿命小于1年（a）。

除了一些惰性气体和人类活动产生的稳定化合物之外，大气成分浓度与其寿命之间存在着密切的联系。通常，浓度较高的成分在大气中的停留时间也相对较长（表8.1）。

表8.1 大气主要成分的体积分数和寿命

大气主要成分	体积分数	寿命
氮气	0.78083	10^6a
氧气	0.20947	$5×10^3$a
氩	0.00934	10^7a
二氧化碳	0.00037	50～200a
氖	$1.82×10^{-6}$	10^7a
氦	$5.2×10^{-6}$	10^7a
氪	$1.1×10^{-6}$	10^7a
氙	$0.1×10^{-6}$	10^7a
氢	$0.5×10^{-6}$	6～8a
甲烷	$1.7×10^{-6}$	10a
氧化亚氮	$0.3×10^{-6}$	150a
一氧化碳	$0.1×10^{-6}$	0.2～0.5a
臭氧	$10×10^{-9}$～$50×10^{-9}$	2a
水汽	$2×10^{-6}$～$1000×10^{-6}$	10d
二氧化硫	$0.03×10^{-9}$～$30×10^{-9}$	2d
硫化氢	$0.006×10^{-9}$～$0.6×10^{-9}$	0.5d
氨	$0.1×10^{-9}$～$10×10^{-9}$	5d
气溶胶	$1×10^{-9}$～$1000×10^{-9}$	10d

8.2 大气各组成成分的源
The source of the components of the atmosphere

大气化学成分的"源"与"汇"是针对大气系统及其物质状态而定义的概念。所谓"源",指的是大气化学成分通过地表活动或大气内部的化学反应进入大气系统的过程。大气化学成分的来源可以被划分为自然源和人为源两大类。无论是自然源还是人为源,它们都可能来自地表或非地表。

8.2.1 生物源

大气环境在很大程度上受到生物圈的影响。

生物过程在自然界的物质循环中发挥着至关重要的作用,它们能够将元素的固态或液态化合物转化为挥发性气体,参与到地球的元素循环之中。同样,生物过程也能够将大气中的气体成分转化为液态或固态化合物,使其重新回到地面。

地球上存在着许多不同特点的生态系统,如苔原生态系统、森林生态系统、草原生态系统、海洋生态系统等,它们对全球大气有着重要的作用。例如,分布在南美洲北部、亚洲南部和大洋洲北部的热带森林,包含了全球总生物量的60%。这里全年高温多雨,植物生长快,产量高,是大气中甲烷、一氧化碳、氧化亚氮和非甲烷类及挥发性含硫气体的重要源。又如，海洋表面的一些短寿命的生物体，通过光合作用产生有机物，死亡后大部分有机物又转化成气体回到大气，一小部分以固体颗粒物的形式输送到深海。此外，稻田、反刍动物等，是大气甲烷的重要来源。

8.2.2 非生物源

非生物源有火山爆发、生物质燃烧和工业排放等多种形式。

火山爆发是一种自然现象，它不仅能够向大气中释放大量的水蒸气、二氧化碳、二氧化硫以及多种硫化物等化学物质，还会显著影响气候。在这一过程中，火山喷发时释放的固体和液体颗粒物，能够被输送至高空，成为平流层气溶胶粒子的重要来源。这些颗粒物不仅丰富了大气的化学组成，还对全球气候系统产生深远的影响。

生物质燃烧源对大气中的碳循环和其他物质循环产生了深远的影响，如在热带森林和热带草原等地区，人们为了开垦耕地而大规模焚烧林木和草地。在燃烧过程中，生物质迅速转化为气态和颗粒态物质，释放到大气中。这些颗粒物几乎包含了生物质中的所有化学成分，尤其是碳黑。同时，生成的气体则包含了碳、氢、氧、氮、硫、磷和卤素等元素的多种化合物。

自19世纪工业革命以来，工业排放对大气和生态环境的影响越来越严重。一方面，工业活动改变了大气中原有的化学成分浓度；另一方面，工业活动还向大气排放其原来没有的化学成分，如氟利昂或其替代物等。这些物质在大气中的寿命通常比较长，对大气环境影响巨大。工业通过化石燃料燃烧和水泥生产过程向大气大量排放二氧化碳、甲烷、氧化亚氮等长寿命温室气体，

> 大气圈

对全球变暖产生了直接的影响。氮、硫氧化物可造成降水酸化，碳氢化合物和氮氧化物在一定条件下会生成光化学烟雾，直接危害人体健康。工业生产还直接排放多环芳烃和其他固态致癌物质。

8.3 汇和循环
Sink and loop

8.3.1 大气化学成分的汇

汇是指某种大气化学成分彻底从大气系统中消失。一种化学成分无论是移出大气到达地面或逃逸到外部空间，还是在大气中经化学过程不可逆地转化为其他成分，对该种化学成分而言都构成了汇，如二氧化碳被地表植物光合作用吸收是大气二氧化碳的汇，氧化亚氮在大气中发生光化学反应而转化为一氧化氮是大气氧化亚氮的汇。汇即清除过程，对于保持大气成分的相对平衡至关重要。如果没有这些自然净化作用，大气中的许多成分会因为地表源的持续排放而迅速积累，导致环境恶化。这些清除过程，如降水、干沉降和生物吸收等，不断地将大气中的污染物和多余物质移除，从而维持了大气的清洁和稳定，确保了地球生态系统的健康和平衡。

通常把清除过程分为两类。在没有降水的条件下，通过重力沉降作用和湍流输送作用将大气微量气体或气溶胶粒子直接送到地球表面而使之从大气中消失的过程,称为干清除过程(即干沉降过程);通过降落的雨滴、雪片、霰粒等水汽凝结体把大气微量成分带到地面而使之从大气中消失的过程,称为湿清除过程(即湿沉降过程)。在许多情况下,干清除过程和湿清除过程常常是协同发挥作用的。

8.3.2 大气化学成分的循环

除了一些化学性质稳定的惰性气体,地球大气中的大多数微量和痕量成分都会从地表的源被释放到大气中,经历着复杂的物理和化学变化,最终,又以完全不同的形态重新进入地表的汇,形成了一系列的物质循环过程。

(1) 水循环

在自然界中,水以气体、液体和固体三种相态出现在不同的水体类型中,不同水体类型中的水进行三相之间的转化即水循环过程。

大气水的源主要在地表,包括江、河、湖、海等液态水体以及土壤水分的蒸发和陆地植物叶片的蒸腾。在地表与大气的交界面上,通常保持着比大气水汽压高的蒸汽压,所以水汽不断地离开地表向大气输送。大气中的水分有75%是按照上述过程从水体表面输送来的,其余25%则来自陆地表面的蒸发或蒸腾作用。

水汽在对流层大气中的平均寿命约为10天。在这段时间里,它可以在大气中水平输送到几千千米以外,也有一小部分可垂直输送到平流层。在平流层中,水汽可在全球范围内输送。

大气水最重要的汇是大气运动造成水汽再凝结成液体水滴或固体冰粒,

大气圈

它们随后被降水过程送回地面。一般说来，由于在对流层大气中温度随高度递减，水汽的饱和混合比浓度也随高度增加而急剧下降。因此，上升气流将在某个高度上使水汽的混合比浓度接近其饱和值。在这种情况下，水汽将在微米量级的凝结核上开始转化成液相水滴或固相冰晶。其后，这些水滴或冰晶继续凝结增长。在长大到几百微米时，其重力沉降速度一旦超过上升气流的速度，它们便会离开云层下降形成降水。地面蒸发的水最终又回到了地面，构成了水的循环。

（2）氢循环

大气中氢气的源主要来自海洋表面、土壤表面、大气中的光化学过程以及人类活动。海水是大气中氢气的源之一。表层海水中存在氢气产生过程，致使表层海水中氢气过饱和，氢气不断地由海洋表面向大气释放。土壤微生物活动也能够产生氢气，并向大气释放。大气氢气另一个重要源是大气中的光化学过程，一是水汽吸收太阳光后可被光化解离成氢气和氧气；二是甲烷被羟基自由基氧化生成的产物——甲醛（CHO）吸收太阳光后光化解离成一氧化碳和氢气。人类活动的排放也是大气氢气的另一个重要来源，主要来自汽车尾气。氢气是一种化学活性气体。在对流层大气条件下，它能够缓慢地被氧气氧化，最终生成水汽。

（3）碳循环

今天，碳循环过程已经越来越严重地受到人类活动的扰动。工业革命以来，人类活动对碳循环过程的影响明显使得大气中二氧化碳以及甲烷、一氧化碳、氯氟烃、氢氟碳化物、全氟碳化物等含碳化合物浓度增加，这对地球气候和生态环境造成一系列严重影响。大气中主要的含碳化学成分有二氧化碳、一氧化碳和甲烷等，其中二氧化碳是大气中最重要的含碳成分。因此，碳循环的主要环节是二氧化碳的循环。

地球上最主要的碳储库是海底沉积物和岩石圈，以碳酸盐矿石和有机碳的形式存在。火山爆发喷射二氧化碳，以及岩石风化产物通过河流输送到海洋参与海洋碳循环而释放二氧化碳，是地球对大气中二氧化碳最重要的贡献。海洋是大气中二氧化碳的另一个主要源，就全球平均而言，二氧化碳是由海洋向大气输送的。

大气中的二氧化碳主要通过陆地生态系统的植物进行吸收，这些植物通过光合作用将大气中的二氧化碳转化为含碳、氢、氧的有机物，同时释放氧气。这一过程不仅促进了生物圈的物质循环，还维持了大气中二氧化碳的平衡。

植物从土壤中吸收养分和水分，通过光合作用将二氧化碳转化为有机物质，部分被植物体自身利用，部分则在植物死亡后腐烂，转化为可溶性无机碳。这些无机碳随后进入地表水体或地下水系，最终输送到海洋中。这一过程不仅补充了海洋因释放二氧化碳而减少的溶解无机碳，也促进了全球碳循环的平衡。

此外，大气二氧化碳的另一个重要的汇是地表碳酸盐岩石的风化过程。这些岩石在暴露于空气中时，会与大气中的二氧化碳和水汽反应生成水溶性的碳酸氢钙 [$Ca(HCO_3)_2$]。

这些复杂的相互作用和循环过程，共同构成了地球大气中二氧化碳的动态平衡，是维持地球气候稳定和生态系统健康的关键因素。

（4）氮循环

大气的最主要成分是氮气，其化学性质十分稳定，且寿命长达数百万年。因此，讨论大气中的氮循环时，更为重要的是大气中含量相对甚微的氮化合物，包括 NO、NO_2、N_2O_5、N_2O_3、NO_3、HNO_2、HNO_3、HNO_4、PAN、NH_3、N_2O 等。由于其他氮氧化物在大气中的寿命很短，浓度也很低，因此，大气中的氮氧化物的循环过程常指 NO 和 NO_2 的循环过程。

大气中氮氧化物的主要来源包括化石燃料燃烧（如汽车尾气、电厂和冶炼厂的排放等）、生物质燃烧、闪电过程、平流层光化学过程、氨氧化、生态系统中的微生物过程以及土壤和海洋中一氧化氮的光解等。随着工业的发展，化石燃料的消耗量增加，氮氧化物的排放量也增加。人为排放源已在氮氧化物的总来源中占了相当大的比重，人类活动已经在很大程度上改变了氮氧化物的自然平衡。降雨则是硝酸、硝酸盐和有机硝酸酯的一个重要清除机制。

（5）硫循环

硫化物是很重要的大气化学成分。进入大气的硫化物主要有二氧化硫、硫化氢、二甲基硫及其派生物、二硫化碳和氧硫化碳等。大气中含硫氧化物在大气中经过复杂的化学过程最终转化成硫酸或硫酸盐微粒，然后被干、湿沉降过程送到地面。在平流层和对流层干净大气中，大气气溶胶粒子的主要成分是硫酸和硫酸盐。硫酸和硫酸盐的干、湿沉降是大气酸沉降的最主要过程。人为活动会影响硫循环过程，造成全球范围的大气酸沉降增加。

8.4 大气中重要微量气体
An important trace of gas in the atmosphere

在大气中短寿命的微量成分和痕量成分的源和汇以及它们在大气中的浓度均有较大的时空差异，它们在大气中化学性质非常活跃，参与各种各样的大气化学过程。同时，许多微量和痕量成分还是辐射活性气体，它们对太阳辐射和地表红外辐射有很强的吸收作用。因此，虽然它们的浓度很低，但对地球-大气系统的能量收支及生物圈与大气的相互作用过程的作用却很大。它们的变化将会引起一系列气候效应和环境效应。微量和痕量气体的这种变化有些是自然现象，有些是人为活动造成的。例如，大量燃烧化石燃料排放的二氧化碳以及森林砍伐和土地利用变化对二氧化碳吸收（汇）的作用，已经使大气中二氧化碳浓度在过去 200 年间增加了 25% 以上。在这一节，我们主要探讨与人类活动关系密切的臭氧，其中臭氧的产生过程在第 1 章中已有详细讲解，此处不再赘述。

8.4.1 平流层中的臭氧

（1）平流层中臭氧的作用

过量的紫外辐射能阻止细胞核分裂，抑制细胞增长，从而影响生物发育，甚至危及生命。有统计资料表明，人类的皮肤癌发病率与地表紫外辐射的强度存在很强的正相关。气柱臭氧总量（某地区单位面积上空整层大气柱中所含的臭氧总量）主要取决于平流层大气中的臭氧浓度。平流层臭氧对太阳紫外辐射具有吸收作用，使波长小于 0.3 μm 的太阳紫外辐射很难穿透整层大气而到达地面。根据简单的辐射传输计算，如果气柱中臭氧总量减少 1%，地表 0.28～0.32 μm 波段的紫外辐射强度将增加约 2%。由于这一波段的极具杀伤力的紫外辐射在地面的强度很低，使地表的生命免遭太阳紫外辐射的伤害，所以，将平流层臭氧层称为臭氧保护层。

臭氧对太阳紫外辐射的吸收是平流层的主要热源，平流层臭氧浓度及其随高度的分布直接影响平流层的温度结构，从而对大气环流和地球气候的形成起着重要作用。平流层臭氧浓度下降，将引起平流层上部的温度下降以及平流层下部和对流层的温度上升，从而改变大气环流结构。因此，平流层臭氧浓度的变化是大气的重要扰动因子。

（2）平流层臭氧含量的分布

臭氧主要集中在 12～55 km 高度范围内的平流层大气中，距地面 20～30 km 处的臭氧浓度最大，自由对流层和高层大气中的臭氧浓度很低。臭氧浓度的垂直分布十分复杂，而且随时间和地点的不同有很大的变化。

在中纬度地区，平流层的臭氧浓度呈现出显著的垂直分布特征，主要分为单峰型和双峰型两种模式。单峰型分布的臭氧浓度最大值通常在 20～28 km 的高空，平均高度约为 25 km。平均浓度最大值约为 $1.4×10^{-7}$ bar，多见于秋季。

双峰型的主峰仍分布在 20～28 km 范围内，在 10～14 km 范围内出现一个次峰，并在 14～21 km 范围内形成一个极小值。这种分布模式更常见于春季。

臭氧浓度还表现出明显的季节性变化。

（3）南极臭氧空洞

南极臭氧空洞的概念最早由英国科学家对南极哈雷湾观测站的臭氧观测数据进行分析后提出。这种现象指的是每年春季，南极大陆上空的气柱臭氧总量急剧减少，形成一个与南极极地涡旋面积相当的低臭氧区域。

南极臭氧空洞可以从时空两个维度进行理解。首先，从空间分布的角度来看，随着纬度的增加，气柱臭氧总量逐渐增加，在南极环极涡旋的外围形成了一个臭氧含量的极大值区域。一旦进入环极涡旋内部，气柱臭氧总量便突然显著下降，形成了一个显著的低值区。从季节变化的角度来看，南极地区的气柱臭氧总量在 9—10 月会突然大幅度减少，形成了季节性变化中的一个显著低谷。

这种现象不仅揭示了南极地区大气臭氧的复杂动态，也对全球气候和环境变化的研究提供了重要的视角。南极臭氧洞的形成和变化，是大气化学和环境科学领域中一个关键的研究课题，对于理解全球大气臭氧的分布和变化具有深远的意义。

目前认为南极臭氧洞的形成与大气运动密切相关。首先，南极地区在 4—10 月会形成一股强大的环极环流，导致南极上空平流层的极低温度，这导致中低纬度平流层中生成的臭氧无法被输送到极区，而在极区环极涡旋的外围逐渐累积，为臭氧的破坏过程提供了有利条件。

太阳辐射是臭氧生成的关键因素，缺乏阳光意味着臭氧无法得到有效的补充。

（4）人类活动对平流层臭氧的影响

臭氧层的生成与消亡是一个复杂的过程，其浓度受到太阳辐射、氧气、氮氧化物、含氢自由基等化学成分、大气运动、人类活动等因素的影响。

在20世纪70年代初期，人们开始深切关注氟利昂对平流层臭氧可能产生的负面影响。氯氟烃广泛用于制冷设备和作为发泡剂的哈龙类物质，原本并不存在于自然大气中。这些物质在对流层中极为稳定，几乎不发生化学反应，因此一旦排放，便会在大气中不断积累。随着时间的推移，这些氯氟烃化合物被输送至平流层，它们在那里经历光解反应，释放出原子氯。在大气中，原子氯和–ClO自由基通过一系列化学反应破坏臭氧。具体来说，一个原子氯与一个臭氧分子反应，生成一个–ClO自由基和一个氧气分子。随后，这个–ClO自由基与氧原子反应，再次生成一个原子氯和一个氧气分子。在这个循环过程中，原子氯和–ClO自由基并未被消耗，而是不断地相互转化。每一次循环，都会破坏一个臭氧分子。如果这一机制持续进行而不受其他过程的干扰，那么即便是少量的原子氯或–ClO自由基，也足以对臭氧层造成严重的破坏。

以二氯二氟甲烷为例，破坏臭氧层的总反应方程式为

$$CCl_2F_2 + 2O_3 = CF_2 + 3O_2 + Cl_2$$

为应对平流层臭氧层的破坏，全球各国政府共同采取了行动，签署了《蒙特利尔议定书》。该议定书明确规定，发达国家须在1996年之前停止生产氟利昂，而发展中国家则被要求在2000年之前停止生产。这一举措标志着国际社会在减少氟利昂排放、保护臭氧层方面迈出了坚实的步伐。随着各国

逐步履行这一协议，氟利昂对大气臭氧的破坏作用有望得到有效缓解。

我们需要继续加强国际合作，推动技术创新，寻找更为环保和可持续的替代方案。

8.4.2 对流层中的臭氧

臭氧作为一种强氧化剂，在许多对流层大气化学过程中起着重要的作用。地表附近的臭氧是一种重要的大气污染成分，其浓度增加将直接危害生态环境。此外，对流层臭氧也是一种非常重要的温室气体，它的增加将使地表增温。同时，臭氧也是光化学烟雾的成因之一和重要指标。

（1）对流层臭氧的产生与分布

平流层注入和在对流层大气中发生的光化学过程是对流层臭氧的重要来源。在对流层大气中，产生臭氧的光化学过程与反应性氮氧化物、碳氢化合物以及一氧化碳的光化学反应有关。对流层中的二氧化氮光解会产生臭氧。一氧化氮可很快地与臭氧发生反应，转化成二氧化氮。这个臭氧的产生和破坏过程是一个循环过程。

近地面大气臭氧浓度有较大的逐日波动和明显的季节波动。在中纬度地区，对流层臭氧浓度的季节波动与平流层臭氧浓度的季节波动规律非常相似，只是极大值出现的时间向后推移 1~2 个月。这也可以说明对流层臭氧的来源之一是平流层臭氧的注入。一般地，近地面大气臭氧浓度在 4 月底至 5 月初出现极大值，极小值出现在 12 月底。

（2）对流层臭氧对环境的影响

首先，在对流层中臭氧是一种重要的温室气体。

其次，臭氧是一种化学活性气体，它在许多大气污染物的转化中起着重要作用。例如，对流层臭氧浓度增加可能使某些地区的酸雨污染变得更为严重。又如，对流层臭氧浓度增加可能增加城市光化学烟雾发生的频率。

此外，臭氧还很容易发生光化学分解而产生电激发态原子氧。这种电激发态原子氧与水汽的反应是对流层中羟基自由基（OH）的重要来源。

8.5 大气气溶胶
Atmospheric aerosols

8.5.1 大气气溶胶概述

大气气溶胶是指大气与悬浮在其中的固体和液体微粒共同组成的多相体系，如尘、烟、飞灰、雾和霾等。它们直接妨碍视线、影响人和动物呼吸系统的健康。气溶胶还是大气中形成云和降水的先决条件之一。

粒子浓度是描述大气气溶胶特性的一个重要物理量。气溶胶粒子浓度随环境变化而变化范围很大。

类似地，气溶胶的质量浓度定义为单位体积空气中气溶胶粒子的质量，常用单位为 mg·m^{-3} 或 μg·m^{-3}。自然干净大气的气溶胶的质量浓度小于城市污染大气。

大气气溶胶粒子的平均寿命，也称为粒子在大气中的统计平均停留时间，是指大气气溶胶粒子在大气中的总质量与粒子物质进入大气的总输入通量或粒子物质流出大气的总清除通量之比。

8.5.2 气溶胶的产生过程

固体、液体物质的破碎过程是大气气溶胶粒子的来源，如交通和其他工业活动、风扬尘、海浪溅沫和海洋中的气泡炸裂以及火山喷发等过程。

道路交通和矿山开发及其他工农业活动是一种人为源，这些活动借助其他外力把粒子与地表物质分离并把它们举离贴地层，然后通过风把它们输送到大气中。有些工业活动则可能是在大气中直接把固体物质破碎使之成为悬浮颗粒。

燃烧过程也是气溶胶产生的另一种源，燃烧过程可直接把粒子输送到大气中。燃烧排放的一些污染气体也有可能在大气中转化成粒子。

海洋中波浪撞击、浪击海岸都会把大量溅沫抛向大气，风带到自由对流层而成为液体气溶胶粒子。

火山喷发是大气气溶胶的重要自然来源，它把大量的气体和粒子喷射到自由对流层，甚至平流层中。

水汽的凝结和升华也是大气气溶胶的一种常见来源。

光化学烟雾是大气气溶胶来源的典型案例。光化学烟雾是指在城市污染

大气圈

大气中特定天气条件下发生的一种特殊现象,是气相物质经过光化学反应急剧地向颗粒态物质转化的结果。光化学烟雾的主要成分是硝酸铵、有机硝酸酯(如过氧乙酰硝酸酯)和复杂的有机化合物。气相反应物主要是氮氧化物和烃类化合物。在光化学烟雾形成的过程中,烃类化合物的氧化起着关键的作用。例如,大气中甲烷通过以下几个步骤进行氧化:第一步,甲烷被 OH 氧化,生成 CH_3 自由基和水汽;第二步,CH_3 自由基与氧气结合生成 CH_3O_2 自由基;第三步,一氧化氮与 CH_3O_2 自由基发生氧化反应,生成二氧化氮和甲醇(CH_3OH);第四步,甲醇与氧气反应,生成甲醛(CH_2O)和 HO_2 自由基;第五步,HO_2 自由基氧化一氧化氮,生成二氧化氮和 OH 自由基,同时,甲醛或吸收太阳紫外辐射后直接光解生成一氧化碳和氢气,或吸收太阳紫外辐射后与氧气反应生成一氧化碳和过氧化氢,或直接与 OH 自由基反应生成一氧化碳和 HO_2 自由基。通过以上几个反应步骤,甲烷等大气中的烃类化合物再经多个步骤被氧化成甲醇、甲醛、一氧化碳、二氧化碳,这一过程会导致二氧化氮和 OH 或 HO_2 等自由基浓度的净增加,反过来又促进甲烷的氧化和二氧化氮及 OH 自由基或 HO_2 自由基浓度的增加。当烃类化合物氧化形成较高浓度的 HO_2 自由基时,HO_2 自由基和臭氧竞争一氧化氮分子,可将臭氧产生和消耗反应由无臭氧净产生的封闭循环过程变成有臭氧净产生的开放式循环过程。在存在高浓度臭氧的条件下,可能引发一系列的大气化学反应而生成光化学烟雾。光化学烟雾的主要成分包括过氧乙酰硝酸酯和硝酸铵晶粒及含大分子碳氢自由基的复杂有机化合物。

8.6 大气污染
air pollution

8.6.1 大气污染的危害

（1）危害人体健康

人一刻也离不开空气。当吸入的空气不洁净，含有有毒、有害的污染物时，空气污染物首先接触的是人的呼吸器官，然后进入血液抵达心脏，因而污染物的危害作用也就主要在这些部位表现出来，造成或加重哮喘、支气管炎、心脏病等病症。

一氧化碳是一种无色、无味、无刺激性气体，它与血液中输送氧气的血红蛋白有很强的亲合性。当一氧化碳进入人体肺部时，抢先与血液中的血红蛋白结合，氧就比较难于溶进血液。时间稍长，便会导致机体缺氧。空气中的一氧化碳主要来自汽车尾气。我国北方地区冬季时有煤气中毒事件发生，实际上是一氧化碳中毒。

臭氧在空气中能与二氧化氮、二氧化硫、水汽等发生氧化反应生成雾状硫酸和硝酸，以酸雨形式返回地面，产生各种破坏作用。在近地面层，臭氧还能借助阳光的照射，与汽车废气中的烯烃类碳氢化合物发生光化学反应，生成刺激性物质甲醛和丙烯醛。

大气圈

高硫煤燃烧时生成的二氧化硫，是一种有刺激性的气体污染物。当大气中二氧化硫浓度达到 100 ppm 时，支气管和肺组织开始受到损伤；达到 400 ppm 时，就会出现呼吸困难等严重症状。

煤、石油等矿物燃料燃烧时，会生成氮的化合物，其中对人体危害最大的是二氧化氮，它对呼吸器官有较强的刺激作用，能引起急性哮喘等病症。在太阳光照射下，氮氧化物还能发生光化学反应，生成一些新的有毒有害物质，如甲醛、丙烯醛等。

空气中的粉尘污染物有多种不同的来源，粉尘的粒径大小也不一样。5 μm 以上的大颗粒粉尘，人吸入时容易阻滞在上呼吸道内壁的黏液层中，可溶性物质即被黏液溶解掉，不能溶解的随痰排出体外，因此对人体危害较小。粒径小于 5 μm 的粉尘，能随着吸入的空气一直到达肺部组织，或随血液循环到达人体的各部位，引起全身性中毒；或在肺内沉积、侵入肺的内部组织和淋巴结，发生各种不适反应，造成尘肺等病症。

铅微粒主要来自汽车尾气。铅微粒进入人体会妨害红细胞的发育和成熟，会影响大脑功能。吸入过量的铅微粒还能引起心血管及泌尿系统的慢性以至急性中毒病症。

（2）危害植物生长

植物叶面有无数微小的气孔，这是它的呼吸器官。通常情况下，植物吸收氧气，放出二氧化碳，植物要一刻不停地呼吸空气，污染物才能够乘隙而入，进到植物体内，造成危害。

（3）危害生态平衡

地球上的植物、动物、微生物和空气、水分、阳光等无机成分一起，构成一个完整的生态系统。它们之间彼此关联，相互依存，使自然界的各种有机、无机成分得以往复不止地循环转移。如果其中某一环节受到明显扰动，整个生态系统就会失去平衡，造成紊乱。

空气污染物可以通过降低植物光合作用的能力来危害生态平衡。植物进行光合作用时吸收二氧化碳、放出氧气，正好跟动物吸收氧气、排出二氧化碳构成天然的生态平衡。但当呼吸过程中吸入二氧化硫、二氧化氮、氟、氯等污染物时，植物就会中毒，叶片变黄、枯萎、掉落，光合作用能力降低，最终威胁到天然的生态平衡。

8.6.2 大气污染源

随着工业时代的推进，城市和工业区的景象中，烟囱如同春笋般涌现，成为显著的空气污染象征。在这些烟囱中，燃料在燃烧过程中消耗了大量氧气，同时产生了一系列燃烧副产品。这些副产品，伴随着剩余的热气流，通过烟囱快速升腾，最终被排放到大气中，对环境空气质量构成了威胁。

煤是主要工业和民用燃料，使用地区广，消耗量大，是大气污染物的重要来源之一。从所含元素的比例来看，煤的主要成分是碳，占85%，其次还含有氧、氢、硫、氮等元素。

燃煤烟尘污染往往主要由火力发电业及其他耗能大的工业造成。烧煤时，低燃点的油性挥发物首先燃烧，接着固定碳燃烧。如果氧气供应充分，生成物主要有二氧化碳、水汽和二氧化硫等气体。当煤燃烧不完全时，生成物中除含有大量未经燃烧的黑色碳粒及二氧化碳、二氧化硫等燃烧生成物之外，还含有数量较多的有害气体（如一氧化碳），以及多种复杂的有机化合物，对人体危害较大。目前，我国正在逐渐调整产业结构和能源结构，大力发展新能源替代煤炭，减轻空气污染的危害程度。

各种燃料在燃烧过程中都产生一定数量的灰烬、粉尘，通过烟囱排入大气。还有很多企业的生产流程中可以生成粉尘。水泥、石灰、化肥、冶炼、铸造、选矿、颜料、石棉、轻纺、木材加工等厂矿，排放的粉尘粒度较大，一般为数微米至数百微米。化工、炼油、制药等工厂则生成数微米以下的小粒度烟雾状粉尘。

汽车废气也是一种污染源。汽车内燃机通过活塞的往复移动，把汽油与空气的混合气吸入气缸，加以压缩，再点火，通过燃烧而获得动力。汽油燃烧中生成相当数量的废气排出气缸，这些废气便成为降低空气质量的污染物。汽车排放的废气中除含二氧化碳和水汽外，还含有一氧化碳、氮的各种氧化物、烃类化合物、铅粒子及其化合物等。汽车废气中的烯烃类碳氢化合物和二氧化氮的混合物在太阳光的照射下还可以通过光化学反应形成光化学烟雾。

此外，其他人类活动及自然环境本身，也会成为大气的污染源。

8.6.3 影响污染事件发生的条件

一般来说，大气污染事件的发生有两个必要条件：一是污染物有大量来源，二是事件发生有不利于污染物稀释扩散的气象条件。下面，具体探讨一些影响污染事件发生的条件。

（1）风

风对污染物具有稀释、冲淡的能力。风速越大，稀释能力越强。大风有助于污染物向远处输送。相反，小风容易造成污染危害。在大气稳定的高压控制下，或是在山谷风和海陆风转换的过渡时段，常常是微风或无风状态。此外，障碍物背后的乱流区域、背风坡以及河湾等地形，也常常是微风或无风现象的常见地点。这些条件为污染物的扩散提供了不利的环境，使得污染物更容易在地面附近积聚。

（2）湍流

湍流有明显的扩散效应。湍流越强，扩散效应越显著。

（3）气温的垂直分布

气温在大气层高度的变化，即气温在空间的垂直分布，反映了大气的垂直稳定度、大气中的垂直运动和污染物的散布状况。当有等温层，特别是有逆温层存在时，大气为稳定层结状态，垂直运动受到抑制，排入其中的污染物在垂直方向不易散开。

（4）降雨

广义的降雨包括雨、雪、雹等大气中的沉降物，以及雾、露、霜等水汽凝结物。降雨对微粒状污染物的净化功能，主要通过雨滴或冰晶与污染物碰撞合并，或将污染物作为凝结核而将其带到地面。

降雨强度越大，污染物直径越大，则冲刷系数越大，净化功能越好；反之，

大气圈

冲刷系数越小，净化功能就较越差。

（5）地形

地形对空气污染的分布和扩散具有显著影响。相较于开阔平坦的地区，河谷地带更容易出现空气污染问题。孤立山丘的背风坡也常常是污染浓度较高的区域。

山谷风和海陆风等局部风系对污染物的传播具有显著的影响。污染物可能会在风的作用下进行循环运动，从而加剧局部地区的大气污染。

山区逆温是地形的热力效应在温度垂直分布上的反映。由于地形复杂，夜间辐射致冷后的冷空气顺山坡下滑，易于在沟底和山凹处堆积，使山区温度的垂直分布趋于复杂，呈现逆温，不利于污染物垂直扩散。

（6）热岛效应

城市有大批厂矿企业，向大气排放大量有害物质；城市的人口比较密集，居民生活、采暖消耗燃料时，都会给空气增加大量二氧化硫、烟尘等污染物；交通拥挤，客货流量大，汽车尾气的排放量也相应增多。因此，城市成为污染物排放较为集中的地方。城市众多的工矿企业和家庭，在生产和生活过程中要排放出大量热能，使城市近地面层空气热量增加，因而城市的气温普遍高于乡村，形成"热岛"。一方面，热岛效应使得城市夜间辐射逆温减弱或消失，出现不稳定状态，污染物易于扩散；另一方面，城市同毗邻的乡村之间存在水平温差，导致了热岛环流的产生。在热岛环流的支配下，城郊的污染物不断地被送到市区，加重城市污染。

8.6.4　大气污染的防治

近年来，随着世界工业的日趋发展，有大量污染物排放到空气中。空气污染已逐渐成为一种公害，关系到人类的生存和子孙后代的繁衍生息。减轻和防治空气污染势在必行。其总的原则是以防为主，防治结合，综合治理；综合资源利用，加强环境管理，以管理促治理。

大气污染的防治措施主要包括：进行污染预报、高烟囱排污、改革生产工艺流程、加大绿化面积、开发利用清洁能源、通过立法管理大气污染等。